中等职业教育课程改革国家规划新教材配

机械基础
学习指导和练习

马成荣 主 编

戴志浩 副主编

人民邮电出版社

北 京

图书在版编目（CIP）数据

机械基础学习指导和练习 / 马成荣主编. -- 北京：
人民邮电出版社，2011.7（2019.7重印）
中等职业教育课程改革国家规划新教材配套教学用书
ISBN 978-7-115-24759-9

Ⅰ．①机… Ⅱ．①马… Ⅲ．①机械学－职业高中－教
学参考资料 Ⅳ．①TH11

中国版本图书馆CIP数据核字(2011)第043383号

内 容 提 要

　　本书是中等职业教育课程改革国家规划新教材《机械基础（少学时）》的配套学习指导和练习，在内容选取与章节安排上与主教材保持基本一致，并补充了气压传动与液压传动的相关内容。

　　全书共 7 章，主要内容包括机械工程材料、工程力学基础、典型机械零件、机械传动、常见机构、气压传动和液压传动。

　　本书贴近中职教学实际，是主教材教学的有益补充，可作为中职学生课堂作业与课后巩固练习，也可作为相关专业升学考试的练习用书。

◆ 主　　编　马成荣

　　副 主 编　戴志浩

　　责任编辑　曾　斌

◆ 人民邮电出版社出版发行　　北京市丰台区成寿寺路 11 号
　　邮编　100164　电子邮件　315@ptpress.com.cn
　　网址　http://www.ptpress.com.cn
　　大厂聚鑫印刷有限责任公司印刷

◆ 开本：787×1092　1/16
　　印张：12.25　　　　　　　　2011 年 7 月第 1 版
　　字数：305 千字　　　　　　2019 年 7 月河北第 8 次印刷

ISBN 978-7-115-24759-9

定价：22.00 元

读者服务热线：(010)81055256　印装质量热线：(010)81055316
反盗版热线：(010)81055315
广告经营许可证：京东工商广登字 20170147 号

前　言

　　本书是中等职业教育课程改革国家规划新教材《机械基础（少学时）》的配套学习指导和练习，旨在强调课内学习与课外提高的有机结合。

　　"机械基础"是机械大类的专业基础课程，其课程性质决定了本门课程涉及较多的基本概念和基本原理，而这些知识的掌握、巩固和拓展需要依靠一定的指导和练习。

　　本书紧密结合主教材内容，设置知识要求、知识重点难点精讲、知识拓展、例题解析、习题解答、知识测评等环节，有效地实现从主教材教学到细分理解、练习巩固的过渡。

　　知识要求：明确需要学习的知识内容和对这些知识掌握程度的要求。

　　知识重点难点精讲：对重点知识、难点知识进行提炼和精讲。

　　知识拓展：对于主教材未涉及或涉及较浅但又具有实用价值的知识进行拓展。

　　例题解析：根据知识内容，选取典型例题进行详细分析和讲解。

　　习题解答：针对主教材中对应章节的"巩固拓展"内容进行解答。

　　知识测评：有针对性地设计具有阶梯型、层次性的训练习题供学生练习，以达到巩固知识、拓展能力、强化应用的目的。

　　本书由马成荣担任主编，戴志浩担任副主编，参与编写的还有溧阳中等专业学校葛荣成、王云清、秦晔、陈美琴、陈惊涛，南京市江宁中等专业学校秦文卫、刘成果。由于编写水平有限，书中难免存在不足之处，敬请广大读者批评指正。

编　者

2011 年 1 月

目　录

绪论

 知识要求

知 识 点	要 求
课程的内容、性质、任务和基本要求	了解本课程的任务和学习要求
机械的组成	了解机械的组成，知道机器、机构、构件和零件的关系
机械环保与安全防护	了解机械传动装置中的危险零部件以及造成机械伤害的原因及防护措施，了解机械噪声的形成和防护措施，讲究环保

 知识重点难点精讲

一、机械的组成

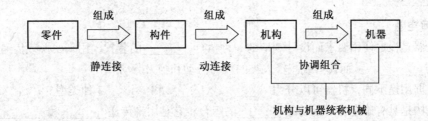

机构与机器统称机械

二、机械环保与安全防护

机械环保	控制噪声	办法：控制噪声源（如采用隔声罩）、控制噪声传播（如使用耳塞、耳罩和头盔）等
	控制磨屑及有害烟尘	办法：注意通风换气，使用劳动保护措施（戴口罩、面具）等

****

续表

安全防护	在齿轮传动、带传动、链传动以及其他机械连接中	防护要求：按防护部分的形状、大小制成固定式防护装置，安装在传动部分外部，遮蔽全部运动部件，以隔绝身体任何部分与之接触
	设备存在潜在缺陷、设备磨损与老化以及其他人为因数	防护措施：在机械的功能设计中解决安全问题，采用齐全的安全装置，通过使用文字、标记、信号、符号、图表等信息发出警示，配备保护人身安全的装备，安全布局车间里的机器，进行安全教育与监察等

 习题解答

1. 原动部分、工作部分、传动部分、控制部分。

2. 变换能量的机器：发电机、内燃机、发动机等；变换物料的机器：车床、铣床、配钥匙机等；变换信息的机器：打印机、计算机、手机等；机构：如自行车上的链传动机构、机器的齿轮传动机构、内燃机中曲轴连杆机构和电影放映机卷片机构等。

3. 零件：零件是机械中不可拆的制造单元体，如轴、盘盖、叉架、箱体等；是相互间没有相对运动的物体。有时也将用简单方式连成的单元件称为零件，如轴承。

构件：构件是机构中的运动单元体，构件可以是一个独立的零件，也可以由若干个零件组成。

机构：机构是具有确定相对运动的构件的组合。它是用来传递运动和力的构件系统，如自行车上的链传动机构、汽车上的齿轮传动机构。

机器：机器是根据使用要求而设计制造的一种执行机械运动的装置，用来变换或传递能量、物料与信息，从而代替或减轻人类的体力劳动和脑力劳动。

机械：机械是机器与机构的统称。

举例：柴油机中有曲柄连杆机构，该机构中的主要构件连杆可由连杆体、连杆盖、螺栓、螺母、上下轴瓦、连杆衬套等零件组成。

 知识测评

一、填空题

1. 机器是根据使用要求而设计制造的一种执行_____的装置，用来变换或传递_____、_____与_____，从而代替或减轻人类的体力劳动和脑力劳动。

2. 根据用途不同，机器可以分为_____、_____和_____3种类型。

3. 机构是具有确定相对运动的_____的组合，它是用来传递_____和_____的。

4. 零件是机械中不可拆的制造_____。

5. 机械伤害事故是机械设备运动（或静止）部件、工具、加工件直接与人体接触引起的事故。常见的机械伤害有_____、_____、_____、_____等。

6. 对于长期处在强噪声或变噪声环境中从事短期工作的操作者，可使用_____、_____、_____等个人防护装置，保护人体健康。对磨屑和有害烟尘的劳动保护措施有戴_____、_____等。

二、判断题

1. 传动的终端是机器的工作部分。（　　　　）

2. 机构就是具有相对运动的构件的组合。（　　）

3. 构件是加工制造的单元。（　　）

4. 构件可以是一个零件，也可以是几个零件的组合。（　　）

5. 打印机、计算机等都是机器。（　　）

6. 机械噪声不是一种污染，讲究环保时不要特别引起重视。（　　）

7. 齿轮传动中两轮开始啮合的地方很危险。（　　）

8. 机器传动中裸露的突出部分也很危险，因为它容易缠绕衣物等。（　　）

9. 磨损与老化会降低设备的可靠性，导致机器出现异常。（　　）

10. 任何一次不规范的操作都有可能导致事故的发生。（　　）

三、选择题

1. 我们把各个部分之间具有确定的相对运动构件的组合称为（　　）。

　　A. 机器　　　　　　B. 机构　　　　　　C. 机械　　　　　　D. 机床

2. 内燃机用于变换能量，它属于（　　）。

　　A. 动力机器　　　　B. 工作机器　　　　C. 信息机器　　　　D. 不是机器

3. 下列各机械中，属于机构的是（　　）。

　　A. 纺织机　　　　　B. 拖拉机　　　　　C. 千斤顶　　　　　D. 发电机

4. 下列不属于机械伤害的是（　　）。

　　A. 碰撞　　　　　　B. 剪切　　　　　　C. 卷入　　　　　　D. 接触

5. 下列不属于通用零件的是（　　）。

　　A. 螺母　　　　　　B. 齿轮　　　　　　C. 弹簧　　　　　　D. 曲轴

6. 以下（　　）属于变换物料的工作机器。

　　A. 内燃机　　　　　B. 数控机床　　　　C. 打印机　　　　　D. 洗衣机

四、名词解释

1. 机械

2. 机器

3. 机构、构件

4. 零件

五、简答题

1. 机器的一般组成如何？

2. 常见零件按结构是怎样分类的？

3. 机械伤害的产生原因与防护措施有哪些？

六、论述题

1. 联系生产生活实际，列举身边的机器和机构。

2. 试叙述在实际工作生活中应该如何讲究环保？

3. 你准备在新学期中如何来学好这门课程？

知识测评参考答案：

一、填空题

1. 机械运动　能量　物料　信息　2. 动力机器　工作机器　信息机器　3. 构件　运动　动力　4. 单元体　5. 碰撞　夹击　剪切　卷入　6. 耳塞　耳罩　头盔　口罩　面具

二、判断题

1. 对　2. 错　3. 错　4. 对　5. 对　6. 错　7. 对　8. 对　9. 对　10. 对

三、选择题

1. B　2. A　3. C　4. D　5. D　6. B

四、名词解释

1. 机器和机构统称机械，它的组成如下所示。

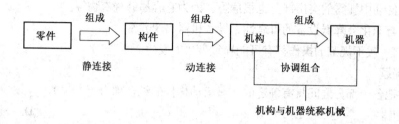

2. 机器是根据使用要求而设计制造的一种执行机械运动的装置，用来变换或传递能量、物料与信息，从而代替或减轻人类的体力劳动和脑力劳动。

3. 机构是具有确定相对运动的构件的组合，它是用来传递运动和力的构件系统，如自行车上的链传动机构、汽车上的齿轮传动机构。构件是机构中的运动单元体，构件可以是一个独立的零件，也可以由若干个零件组成。

4. 零件是机械中不可拆的制造单元体，如轴、盘盖、叉架、箱体等，是相互间没有相对运动的物体。有时也将用简单方式连成的单元件称为零件，如轴承。

五、简答题

1. 答：机器的一般组成如下所示。

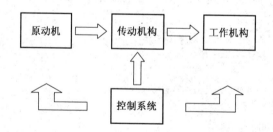

2. 答：常见零件按结构分类有轴套类、盘盖类、叉架类和箱体类。

3. 答：机械伤害的产生原因与防护措施如下。

类　型	原　因	防 护 措 施
设备存在潜在缺陷	如零件的材料选择不当或者材料有缺陷（缩孔、裂纹、划伤等）、操纵控制机构设计不当、缺少安全防护装置、设备安装不牢固、零部件装配不达标等	在机械的功能设计中解决安全问题，采用齐全的安全装置，通过使用文字、标记、信号、符号、图表等信息发出警示，配备保护人身安全的装备，安全布局车间里的机器，进行安全教育与监察等
设备磨损与老化	磨损与老化会降低设备的可靠性，导致机器出现异常而未被发现	
人为因素	任何一次不规范操作都有可能导致事故发生	

六、论述题

1. 答：机器：车床、缝纫机、电风扇、洗衣机等；机构：扳手、连杆等（可由学生结合实际生活列举实例）。

2. 答：（1）控制噪声，（2）控制磨屑及有害烟尘（可由学生结合实际生活拓展，如结合社会热点话题"低碳经济"或者"哥本哈根世界气候大会"等展开讨论）。

3. 建议学生在学习过程中能理论联系实际，积极动手动脑，从实践中获得更多新知识。充分用好书中"看一看、试一试、读一读、讲一讲、做一做"等各个环节（可由学生结合自己原有科学经验展开讨论）。

第一章

机械工程材料

第一节　材料的力学性能

知　识　点	要　　求
材料力学性能的主要指标	了解材料力学性能的主要指标和符号
力学性能指标有关试验方法	了解拉伸试验、硬度和冲击韧性的试验方法
强度、塑性的计算	了解屈服点、抗拉强度、断后伸长率和断面收缩率的有关计算

 知识重点难点精讲

一、材料力学性能的主要指标和符号

强度	材料在力的作用下抵抗永久变形和断裂的能力	R_{eL}、R_m
塑性	材料在外力作用下，产生永久变形而不致引起破坏的性能	A、Z
硬度	反映材料局部体积内抵抗另一更硬物体压入的能力	HB、HR、HV
韧性	材料在冲击载荷作用下抵抗变形和断裂的能力	α_K
疲劳强度	材料抵抗交变应力作用下发生破坏的能力	R_{-1}

二、力学性能指标有关试验方法

强度、塑性	用拉伸试验机测定：R_{eL}、R_m；A、Z
硬度	用布氏硬度试验机测定 HB；用洛氏硬度试验机测定 HR；用维氏硬度试验机测定 HV
冲击韧性	用冲击试验机测定 α_K

三、强度、塑性的计算

强度的指标主要有屈服点和抗拉强度两种。

屈服强度：在拉伸试验过程中，当载荷增加到 F_L 时，如果不再继续增加载荷，试样仍能继续伸长，这种现象叫做屈服。将开始发生屈服现象时的应力，称为屈服强度，用符号 R_{eL} 表示。F_L 为试样屈服时的载荷，单位为 N；S_0 为试样的原始截面积，单位为 mm^2。

$$R_{eL} = F_L/S_0$$

抗拉强度：在拉伸试验过程中，当载荷超过 F_L 后，载荷仍缓慢增大到 F_m 时，试样产生缩颈，有效截面积急剧减小，直至断裂。这种试样在断裂前所能承受的最大应力称为抗拉强度，用符号 R_m 表示。F_m 为试样断裂前的最大载荷，单位为 N；S_0 为试样的原始截面积，单位为 mm^2。

$$R_m = F_m/S_0$$

常用的塑性指标是断后伸长率和断面收缩率。

断后伸长率：指试样拉断后的标距伸长量和原始标距之比，即标距的相对伸长，用符号 A 表示。$A = [(L_u - L_0)/L_0] \times 100\%$。$L_0$ 为试样原始标距长度，单位为 mm；L_u 为试样断裂后的标距长度，单位为 mm。

断面收缩率：指试样拉断处横截面积的收缩量与原始横截面之比，用符号 Ψ 表示。$Z = [(S_0 - S_u)/S_0] \times 100\%$。$S_0$ 为试样的原始截面积，单位为 mm^2；S_u 为试样断口处的横截面积，单位为 mm^2。

知识拓展——材料的两大性能

使用性能——反映材料在使用过程中所表现出来的特性。例如，力学性能（强度、硬度、塑性、韧性、疲劳强度等）、物理性能（密度、熔点、导电性、导热性、热膨胀性、磁性等）、化学性能（抗氧化性、耐腐蚀性等）等。

工艺性能——反映材料在加工制造过程中所表现出来的特性。例如，铸造性、锻造性、焊接性、切削加工性和热处理性等。

例题解析

例：有一个直径 $d_0 = 10mm$，长度 $L_0 = 100mm$ 的低碳钢试样，拉伸试验时测得 $F_L = 21kN$，$F_m = 29kN$，$d_u = 5.65mm$，$L_u = 138mm$，求此试样的 R_{eL}、R_m、A、Z。

分析：原始直径为 $d_0 = 10mm$，原始长度为 $L_0 = 100mm$；试样拉断后的直径为 $d_1 = 5.65mm$，长度为 $L_u = 138mm$。$F_L = 21kN$ 为出现明显塑性变形时的力；$F_m = 29kN$ 为拉断后所用的最大的力。

解答：（1）计算 S_0、S_1：

$$S_0 = \frac{\pi d_0^2}{4} = \frac{3.14 \times 10^2}{4} = 78.5 (mm^2)$$

$$S_u = \frac{\pi d_u^2}{4} = \frac{3.14 \times 5.65^2}{4} = 25 (mm^2)$$

（2）计算 R_{eL}、R_m：

$$R_{eL} = \frac{F_L}{S_0} = \frac{21\,000}{78.5} = 267.5 (N/mm^2)$$

$$R_m = \frac{F_m}{S_0} = \frac{29\,000}{78.5} = 369.4 (N/mm^2)$$

（3）计算 A、Z：

$$A = \frac{L_u - L_0}{L_0} \times 100\% = \frac{138 - 100}{100} \times 100\% = 38\%$$

$$Z = \frac{S_0 - S_u}{S_0} = \frac{78.5 - 25}{78.5} \times 100\% = 68\%$$

 **习题解答**

1. 利用力的平衡原理。利用材料的弹性变形阶段力与变形量成正比的原理。

2. 材料的力学性能指标有强度、塑性、硬度、韧性和疲劳强度。强度是材料在力的作用下抵抗永久变形和断裂的能力，是所有零件与工具设计时的重要依据。塑性是材料塑性变形加工时的主要依据，也是零件设计时的主要依据。硬度是材料的坚硬程度，是工具的重要性能指标。韧性是材料受冲击力时的重要性能指标。疲劳强度是材料受交变载荷时的重要性能指标。

3. 因为 $R_{eL} = F_L / S_o = F_L \Big/ \frac{\pi d_o^2}{4} = 360 \text{ MPa} > 355 \text{ Mpa}$

$R_m = F_m / S_o = F_m \Big/ \frac{\pi d_o^2}{4} = 6\,054 \text{ MPa} > 600 \text{ Mpa}$

所以这批钢材的力学性能符合要求。

知识测评

一、填空题

1. 金属材料在_____下表现出来的_____称力学性能。

2. 应力的符号用_____表示，单位为_____。

3. 金属的力学性能主要有_____、硬度、塑性、_____和_____。

4. 金属在外力作用下抵抗_____变形和_____的能力称为强度，强度常用_____表示，其符号为_____。

5. R_m 表示_____，其数值越大，金属抵抗_____的能力越大。

6. R_{eL} 表示_____，其数值越大，金属抵抗_____的能力越大。

7. 塑性是金属材料在断裂前发生_____能力。

8. 称 δ 为_____，其数值越大，材料_____越好。

9. 对直径为 10mm 的钢制短试样做拉伸试验，载荷加至 18 800N 时保持，试样仍产生明显变形。当载荷加至 34 500N 时试样被拉断。拉断后试样长度为 70mm，断裂处最小直径为 6mm，试样的 $R_m =$ _____，$R_{eL} =$ _____，$A =$ _____，$Z =$ _____。

10. 测定金属硬度常用的方法有_____硬度、洛氏硬度和_____硬度 3 种。

11. 硬度是金属材料抵抗其他更硬物体_____的能力。

12. 金属材料抵抗_____载荷作用而_____的能力称为韧性，用符号_____表示，单位为_____。

13. 疲劳强度是金属材料经多次重复的_____应力作用仍不致引起疲劳破坏的最大_____值。

二、判断题

1. 材料的伸长率、断面收缩率数值越大，表明其塑性越好。（　　　）

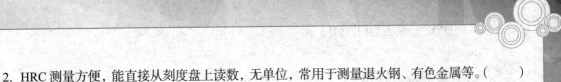

2. HRC 测量方便，能直接从刻度盘上读数，无单位，常用于测量退火钢、有色金属等。（　　　）

三、选择题

1. 拉伸试验可测定材料的（　　　）。
   A. A　　　　　　B. α_K　　　　　　C. R_{-1}　　　　　　D. HR

2. 机械零件以强度为主要设计依据。当材料承受的工作应力大于（　　　）时发生破坏。
   A. R_{pa2}　　　　B. R_{-1}　　　　　　C. A　　　　　　D. R_m

3. 使金属材料疲劳的是（　　　）载荷。
   A. 静　　　　　　B. 冲击　　　　　　C. 交变　　　　　　D. 拉伸

四、名词解释

1. 强度
2. 塑性
3. 硬度
4. 韧性

知识测评参考答案：

一、填空题

1. 外力　抵抗能力　2. R　MPa　3. 强度　韧性　疲劳强度　4. 塑性　断裂（破坏）　应力　R　5. 强度极限　断裂（破坏）　6. 屈服极限　塑性变形　7. 塑性变形　8. 断后伸长率　塑性　9. 439MPa　239MPa　40%　64%　10. 布氏　维氏　11. 压入其表面　12. 冲击　不破坏　α_K　J/cm^2　13. 交变（循环）

二、判断题

1. 对　2. 错

三、选择题

1. A　2. D　3. C

四、名词解释

1. 强度是材料在力的作用下抵抗永久变形和断裂的能力。
2. 塑性是材料在外力作用下，产生永久变形而不致引起破坏的性能。
3. 硬度是反映材料局部体积内抵抗另一更硬物体压入的能力。
4. 韧性是材料在冲击载荷作用下抵抗变形和断裂的能力。

第二节　黑色金属材料

 知识要求

知　识　点	要　　求
黑色金属材料的分类	能区分金属材料的分类
黑色金属材料的牌号	会说明常用碳素钢、合金钢、铸铁的牌号含义
黑色金属材料的性能和应用	了解常用材料的大致性能和应用

第一章

机械工程材料

知识重点难点精讲

一、金属材料的分类

金属材料可分为黑色金属与有色金属两大类。黑色金属包括碳素钢、合金钢和铸铁；黑色金属以外的金属材料统称有色金属，有色金属种类繁多，其中以铜、铝及其合金应用最广。

二、常用碳素钢、合金钢

含碳量在2.11%以下的铁碳合金称为钢。钢分为碳素钢及合金钢两大类。

1. 碳素钢

碳素钢在冶炼过程中，由于矿石、焦炭等多种原因，使钢内不可避免地残存一些杂质，如硅、锰、硫、磷等。硫、磷的存在，降低了钢的塑性和韧性，是有害元素，应加以控制；硅、锰的存在，有提高钢的强度和硬度的作用，但其含量较小，一般可不考虑。

（1）碳素钢的分类

① 按含碳量分有低碳钢（含碳量在0.25%以下）、中碳钢（含碳量在0.25%～0.6%）和高碳钢（含碳量在0.6%以上）。

② 按用途和质量分有普通碳素结构钢、优质碳素结构钢和碳素工具钢。

（2）几种常用的碳素钢

① 普通碳素结构钢——通常为热轧钢板、型钢、棒钢等。

碳素结构钢价格便宜，产量较大，大量用于工程构件和一般机械零件的制造，如用于制作小轴、拉杆、连杆、螺栓、螺母、法兰盘等不太重要的零件。碳素结构钢的牌号由代表屈服点的拼音字头"Q"、屈服点数值、质量等级符号和脱氧方法符号4个部分依次组成。例如，Q235-A·F为屈服强度为235 MPa的A级沸腾钢。

② 优质碳素结构钢——通常用来制造重要的机械零件，使用前一般都要经过热处理来改善其力学性能。08～25钢属低碳钢，这类钢强度、硬度低，塑性、韧性及焊接性好，主要用于制作冲压件、焊接构件及强度要求不高的机械零件和渗碳件，如深冲压器件、压力容器、小轴、销子、法兰盘、螺钉、垫圈等。30～55钢属中碳钢，这类钢具有较高的强度和硬度，其塑性、韧性随着含碳量增加而逐步降低，经过调质处理后，可获得较好的综合性能，主要用来制作受力较大的机械零件，如连杆、曲轴、齿轮、联轴节等。60钢以上的牌号属高碳钢，这类钢具有较高的强度、硬度和弹性，但焊接性不好，切削性稍差，冷变形塑性低，主要用来制造具有较高强度、耐磨性和弹性的零件，如气门弹簧、弹簧垫圈、板簧、螺旋弹簧等弹性元件及耐磨件。优质碳素结构钢的牌号用两位数字表示，这两位数字表示该钢的平均含碳量的万分数。例如，45表示平均含碳量为0.45%的优质碳素结构钢，08表示平均含碳量为0.08%的优质碳素结构钢。

③ 碳素工具钢——碳素工具钢是用于制造刀具、模具和量具的钢。

由于大多数工具要求高硬度和高耐磨性，故工具钢的含碳量都在0.7%以上，是属于高碳钢。各种牌号的碳素工具钢经淬火后的硬度相差不大，但随着含碳量的增加，钢的硬度、耐磨性增加，而韧性则降低，因此，不同牌号的工具钢用于制造不同情况下使用的工具。T7～T8钢用于制造受冲击、需较高硬度和耐磨性的工具，如木工用凿、锤头、钻头、模具等。T9～T10钢用于制造受

中等冲击的工具和耐磨工具，如刨刀、冲模、丝锥、板牙、手工锯条、卡尺等。T11 以上牌号钢用于制造不受冲击而要求极高硬度的工具和耐磨工具，如钻头、锉刀、刮刀、量具等。

碳素工具钢的牌号以"碳"的汉语拼音字头"T"后面加数字表示，其数字表示钢中平均含碳量的千分数。例如，T8 表示平均含碳量为 0.8%的碳素工具钢，T12A 表示平均含碳量为 1.2%的高级优质碳素工具钢。

④ 铸造碳钢——铸造碳钢简称铸钢，一般用于制造形状复杂、力学性能要求较高的机械零件，如轧钢机机架、水压机横梁、锻锤、砧座等。

铸钢的牌号以"铸钢"两字汉语拼音字头"ZG"后加两组数字，第 1 组表示屈服点，第 2 组表示抗拉强度。例如，ZG270-500 表示屈服点≥270 MPa，抗拉强度≥500 MPa 的铸钢。

2. 合金钢

为了提高钢的性能，有意识地在碳素钢中加入一定量的合金元素，构成合金钢。一般加入的合金元素有硅、锰、铬、镍、钼、钒、钛等。合金元素的加入，细化了钢的晶粒，提高了钢的综合力学性能和热硬性、淬透性等。合金钢按用途一般分为合金结构钢、合金工具钢和特殊性能钢 3 类。

① 合金结构钢——合金结构钢广泛用于机械制造业。按其性能和用途不同，又可分为低合金钢、合金渗碳钢、合金调质钢、合金弹簧钢、滚动轴承钢等。

低合金钢主要用于各种工程构件的制造，如车辆上的冲压件，建筑、桥梁金属构件，管道、锅炉、压力容器、石油井架、船舶等。

合金渗碳钢用来制造既要有优良的耐磨性、耐疲劳性，又要有足够高的强度和韧性的零件，如齿轮、齿轮轴、凸轮、传动轴、活塞销等。合金渗碳钢的热处理，一般是渗碳后淬火加低温回火。

合金调质钢用来制造一些受力复杂的重要零件，如主轴、花键轴、齿轮、曲轴、精密丝杆等。合金调质钢的热处理是调质。

合金弹簧钢主要用于制造各种弹簧。大型弹簧或形状复杂的弹簧一般热成型后，进行淬火和中温回火；小型弹簧一般冷成型后不再淬火，只需进行去应力退火。

滚动轴承钢用于制造各种轴承的滚珠、滚柱和内外圈，也用来制造各种工具和耐磨零件。

合金结构钢的牌号用两位数字加合金元素符号加数字表示。前两位数字表示含碳量的万分数，合金元素符号后的数字表示该元素含量的百分数。若含量小于 1.5%时，一般不标数字；当含量在 1.5%~2.5%，2.5%~3.5%…则相应用 2，3…表示。例如，60Si2Mn 表示平均含碳量为 0.6%，含硅量为 2%，含锰量小于 1.5%的合金钢。滚动轴承钢是高碳铬钢，其含碳量为 0.95%~1.15%。滚动轴承钢的牌号以"滚"的汉语拼音字头"G"加铬元素符号"Cr"加数字表示。"Cr"后的数字表示含铬量的千分数。例如，GCr15 表示含铬为 1.5%的滚动轴承钢。

② 合金工具钢——合金工具钢常用来制造各种刀具、量具、模具等，因此对应地分为刃具钢、量具钢和模具钢，如车刀、铣刀、钻头等各种金属切削刀具，各种金属成型工具、磨具、千分尺、塞规、块规、样板等各种量具。

合金工具钢的牌号表示：平均含碳量大于 1%时，不标注数字，若小于 1%，则用一位数字表示，以千分数计；后加合金元素符号加数字，数字表示该元素含量的百分数。若含量小于 1.5%时，一般不标数字；当含量在 1.5%~2.5%，2.5%~3.5%…则相应用 2，3…表示。例如，9SiCr 表示平均含碳量为 0.9%，含硅、铬量均小于 1.5%的合金工具钢。

③ 特殊性能钢——特殊性能钢是指具有特殊的物理、化学性能的高合金钢，主要包括不锈钢、耐热钢、耐磨钢等。特殊性能钢的牌号表示与合金工具钢的表示法基本相同。

三、常用铸铁

铸铁是含碳量大于 2.11% 的铁碳合金。铸铁具有良好的铸造性、减振性、润滑性、耐磨性、切削加工性及一定的力学性能，且价格低廉，生产设备简单。因此，在机械零件材料中占有很大的比例，广泛用来制造各种机架、底座、箱体、床身、缸套等形状复杂的零件。

铸铁根据其碳在金相组织中存在的形态不同，分为白口铸铁、灰铸铁、球墨铸铁和可锻铸铁。

1. 白口铸铁

白口铸铁中的碳几乎全部以渗碳体（Fe_3C）形式存在，断口呈白色。Fe_3C 具有硬而脆的特性，切削加工困难。工业上很少直接用白口铸铁制造零件，而主要用作炼钢原料。

2. 灰铸铁

灰铸铁中的碳大部分以片状石墨形式存在，断口呈灰色。灰铸铁具有良好的铸造性、耐磨性、抗振性和切削加工性，是生产中用得最多的一种铸铁，如用来制造机床床身、立柱，汽车缸盖、缸体，刹车轮、联轴器、油缸，大型发动机曲轴、阀体、泵体等。灰铸铁的牌号以"灰铁"两字的汉语拼音字头"HT"加一组数字表示，数字为最低抗拉强度。例如，HT150 表示最低抗拉强度为 150 MPa 的灰铸铁。

3. 球墨铸铁

球墨铸铁中的碳以球状石墨形式存在。它在浇注前须进行一定的球化处理，即加入一定量的球化剂和孕育剂。球墨铸铁是一种优良的铸铁，它的力学性能远远好于灰铸铁而接近于普通碳素钢，且又具灰铸铁的优良性能，因此，球墨铸铁常用于制造承受冲击载荷的形状复杂的零件，如柴油机曲轴、凸轮轴、连杆、减速箱齿轮、轧钢机轧辊等。球墨铸铁的牌号以"球铁"两字的汉语拼音字头"QT"加两组数字表示，第 1 组数字表示最低抗拉强度，第 2 组数字表示最低断后伸长率。例如，QT400-17 表示最低抗拉强度为 400MPa，最低断后伸长率为 17% 的球墨铸铁。

4. 可锻铸铁

可锻铸铁中的碳以团絮状石墨形式存在，它是由白口铸铁经过高温石墨化退火后获得的，可锻铸铁不具有锻造性能，仅具有一定的塑性，其强度比灰铁高些，但铸造性比灰铁差。可锻铸铁主要用于汽车、拖拉机行业，制造形状复杂、承受冲击载荷的薄壁和中小型零件，由于它的工艺复杂，生产周期长且成本高，已逐渐被球墨铸铁所取代。可锻铸铁的牌号用 3 个汉语拼音字母和两组数字表示。其中，"KTH"表示黑心可锻铸铁，"KTZ"表示珠光体可锻铸铁，"KTB"表示白心可锻铸铁。例如，KTH350-10 表示最低抗拉强度为 350MPa，最低断后伸长率为 10% 的黑心可锻铸铁。

 例题解析

例：对下列零件选用合适的材料。

普通螺栓（　　　）；脸盆坯料（　　　）；小弹簧（　　　）；齿轮（　　　）。

  A. 08F   B. Q235   C. 45   D. 65

分析：根据零件的应用场合，分析其性能要求，对照材料所具备的性能来进行选用。普通螺

栓应用一般场合受力不大；脸盆坯料受力很小又需塑性变形加工；小弹簧是弹性零件需要高的弹性极限、较高的强度、较高的硬度、足够的韧性；齿轮用在传动中一般传递较大的力，需具有综合的力学性能。

解答：B A D C

 **习题解答**

1. 钢铁材料牌号的含义如下。

钢铁材料牌号	含 义	类 别
Q235	最低屈服强度 3235MPa 的普通碳素结构钢	普通碳素结构钢
Q345	最低屈服强度 3245MPa 的普通碳素结构钢	普通碳素结构钢
45	含碳量为 0.45%左右的优质碳素结构钢	优质碳素结构钢
40Cr	含碳量为 0.4%左右，含铬量小于 1.5%的调质钢	合金调质钢
60Si2Mn	含碳量为 0.6%左右，含硅量为 2%左右，含锰量小于 1.5%的合金弹簧钢	合金弹簧钢
ZG200-400	最低屈服强度为 200MPa，最低抗拉强度为 400MPa 的工程用铸钢	工程用铸钢
T10	含碳量为 1%左右的优质碳素工具钢	优质碳素工具钢
9SiCr	含碳量为 0.9%左右，含硅、铬量都小于 1.5%的合金刃具钢	合金刃具钢
Cr12	含碳量为大于等于 1%，含铬量为 12%左右的合金模具钢	合金模具钢
1Cr13	含碳量为 0.1%左右，含铬量为 13%左右的铬不锈钢	铬不锈钢
QT400-15	抗拉强度不低于 400MPa，断后伸长率不小于 15%的球墨铸铁	球墨铸铁
HT200	抗拉强度不低于 200MPa 的灰口铸铁	灰口铸铁

2. 螺母——Q235；受冲击载荷的齿轮——20Cr；锉刀——T12；机用铰刀——9SiCr；机床主轴——40Cr；车床主轴箱箱体——HT200；注塑模——3Cr2Mo；铆钉——Q195；普通弹簧——65；冲模——Cr12；热锻模——5CrMnMo；加热炉的结构件——1Cr18Ni9Ti。

3. （1）齿轮容易磨损，塑性变形，出现点蚀。

（2）锉刀刀齿很易磨损，无法加工。

（3）冷冲模易塑性变形。

 知识测评

一、填空题

1. 碳素钢是含碳量_____并不含有特意加入合金元素的铁碳合金。

2. 碳钢质量的高低，主要按其中的_____含量来划分。

3. 碳钢按含碳量分为_____、中碳钢和_____。

4. 15、20 钢按含碳量应属_____钢，主要用于制作_____零件。

5. 45 钢按用途应属_____钢，经调质处理后具有良好的_____性能，主要用于制作主轴、齿轮等受力零件。

6. 65 钢按质量和用途称为_____钢，其强度、硬度较高，主要用于制作_____等弹性元件。

7. T12 钢按用途分类属于_____钢，按含碳量分类属于_____钢，按质量分类属于_____钢。

8. 碳素工具钢中，T7、T7A、T8、T8A 常用于制作承受＿＿＿＿＿＿＿的錾子、冲头等工具。T10、T10A 用作承受＿＿＿＿＿＿＿的锯条、冷冲模等工具。

9. 铸钢主要用于浇注形状＿＿＿＿＿＿＿、＿＿＿＿＿＿＿性能要求较高的零件。

10. 所谓合金钢是指在炼钢过程中，人们有＿＿＿＿＿＿＿＿＿＿地向钢种加入一定数量的＿＿＿＿＿＿＿＿＿＿元素，从而构成含有多种元素的钢种，也就是在碳钢的基础上加入一定量的合金元素制成的。

11. 按用途合金钢可分为＿＿＿＿＿＿＿钢、＿＿＿＿＿＿＿钢和＿＿＿＿＿＿＿钢。

12. 30CrMnSi 按用途称为合金＿＿＿＿＿＿＿钢，3Cr2W8V 按用途称为合金＿＿＿＿＿＿＿钢，1Cr18Ni9 按用途称为＿＿＿＿＿＿＿钢。

13. W18Cr4 称为＿＿＿＿＿＿＿钢。这种钢具有高的硬度、＿＿＿＿＿＿＿和＿＿＿＿＿＿＿。

14. 不锈钢在＿＿＿＿＿＿＿介质中具有较高的抗腐蚀能力。常用的不锈钢有＿＿＿＿＿＿＿不锈钢和＿＿＿＿＿＿＿不锈钢。

15. 铸铁是含碳量＿＿＿＿＿＿＿的铁碳合金。

16. 铸铁的组织是在＿＿＿＿＿＿＿的基体上布满了许多形状不同的＿＿＿＿＿＿＿所组成的。

17. 在灰铸铁中由于石墨的存在，使铸铁获得良好的＿＿＿＿＿＿＿性、＿＿＿＿＿＿＿性、＿＿＿＿＿＿＿性及＿＿＿＿＿＿＿性等。

二、判断题

1. 金属材料的力学性能，是由其内部组织结构决定的。（　　　）

2. 一般说，晶粒越细小，金属材料的力学性能越好。（　　　）

3. 凡两种或两种以上的元素化合成的物质都称为合金。（　　　）

4. 影响碳素钢力学性能的元素是碳，而与杂质元素无关。（　　　）

5. 碳素钢随含碳量的增加，其塑性、韧性将升高。（　　　）

6. 优质碳素结构钢的质量比普通碳素结构钢的质量好。（　　　）

7. 碳素工具钢的含碳量一般都大于等于 0.7%。（　　　）

8. 45 钢是中碳类的优质结构钢，其碳的质量分数为 0.45% 左右。（　　　）

9. T12、T12A 钢具有高硬度、高耐磨性，常用于制作成型车刀等中速切削刀具。（　　　）

10. ZG200-400 是工程用铸钢，200-400 表示碳的质量分数为 0.20%～0.40%。（　　　）

11. 工程上只有当碳钢的性能不能满足要求时，才采用合金钢。（　　　）

12. 低合金钢与高合金钢的区别是前者合金元素总质量分数小于 5%，后者大于 10%。（　　　）

13. 3Cr2W8V 钢的平均含碳量为 0.3%，所以它是合金结构钢。（　　　）

14. 合金渗碳钢是典型的表面强化钢，所以其含碳量常大于 0.25%。（　　　）

15. 合金调质钢，由于合金元素的加入提高了淬透性，所以调质后具有良好的综合力学性能。（　　　）

16. 大型的机器零件，为了获得良好的综合力学性能，常用合金调质钢来制造。（　　　）

17. 60Si2Mn 是常用的合金弹簧钢。（　　　）

18. 滚动轴承钢是制造滚动轴承套圈、滚珠、滚柱的专用钢，不宜制作其他零件或工具。（　　　）

19. 高速钢是用作最高切削速度的刃具用钢。（　　　）

20. 不锈钢的含碳量越高，其抗蚀能力越好。（　　　）

21. ZGMn13 是耐磨钢，凡要求耐磨性好的零件都可选用这种钢。（　　　）

22. 由于石墨的存在，常可以把铸铁看成是布满了空洞和裂纹的钢。（　　　）

三、选择题

1. 制造冷冲压成形的容器应选用（　　），制造锉刀应选用（　　），制造普通齿条应选用（　　）。

    A. 低碳结构钢   B. 中碳结构钢   C. 高碳结构钢   D. 优质碳素工具钢

2. 形状简单、批量较大，力学性能要求低的标准件，为便于切削加工，常用（　　）钢制造。

    A. 工程用铸   B. 易切前   C. 工具   D. 耐磨

3. 形状复杂，力学性能要求较高，而且难以用压力加工方法成形的机架、箱体等零件，应采用（　　）来制造。

    A. 碳素工具钢   B. 易切削钢   C. 工程用铸钢   D. 不锈钢

4. 在下列 3 种钢中，（　　）钢的弹性最好，（　　）钢的硬度最高，（　　）钢的塑性最好。

    A. T10   B. 20 钢   C. 65Mn

5. 对下列零件选用较合适的材料。

普通螺栓（　　）；脸盆坯料（　　）；小弹簧（　　）；齿轮（　　）。

    A. 08F   B. Q235   C. 45   D. 65

6. 选择制造下列工具所采用的材料。

凿子（　　）；锉刀（　　）；手工锯条（　　）。

    A. T8   B. T10   C. T12   D. 45

7. 下列钢号中，（　　）是渗碳钢，（　　）是调质钢。

    A. 20   B. 40Cr   C. T10   D. Q195

8. 下列钢号中，（　　）是不锈钢。

    A. W6Mo5Cr4V2   B. 1Cr13   C. GCr15   D. 20Cr

9. 合金渗碳钢渗碳后必须进行（　　）热处理才能使用。

    A. 淬火+低温回火   B. 淬火+中温回火   C. 淬火+高温回火   D. 正火

10. 将下列合金钢牌号归类。

合金结构钢为（　　）；合金工具钢为（　　）；特殊性能钢为（　　）。

    A. 40Cr   B. 3Cr2W8V   C. 1Cr13   D. T12

11. 正确选用下列零件或工具材料。

机床主轴（　　）；汽车拖拉机变速齿轮（　　）；钢板弹簧（　　）；滚珠（　　）；贮酸槽（　　）；坦克履带（　　）；麻花钻头（　　）。

    A. 1Cr18Ni9   B. 40Cr   C. GCr15   D. 20CrMnTi

    E. 60Si2Mn   F. ZGMn13   G. W18Cr4V

12. 9SiCr 是合金（　　）钢，碳的质量分数约为（　　）%。

    A. 结构   B. 工具   C. 0.9   D. 9

13. 为了达到不锈和耐腐蚀的目的，铬不锈钢的铬质量分数必须达到（　　）%。而铬镍不锈钢铬的质量分数必须达到（　　）%。

    A. 10   B. 13   C. 18   D. 8

14. 灰口铸铁件表面的硬度（　　）芯部。

    A. 低于   B. 等于   C. 高于   D. 以上答案都不对

15. HT200 是（　　）铸铁的牌号，牌号中数字 200 表示其（　　）不低于 200MPa。

  A. 球墨   B. 灰口   C. 屈服强度   D. 抗拉强度

16. QT400-15 是（　　）铸铁的牌号，牌号中 400 表示抗拉强度不低于 400MPa，15 表示（　　）不小于 15%。

  A. 球墨   B. 可锻   C. 断面收缩率   D. 断后伸长率

四、名词解释

1. 碳素钢

2. 合金钢

3. 铸铁

知识测评参考答案：

一、填空题

1. 小于 2.11% 2. S、P 3. 低碳钢 高碳钢 4. 低碳 力学性能较低或渗碳 5. 碳素结构 综合力学 6. 优质碳素结构 弹簧 7. 工具 高碳 优质 8. 冲击较大 中等冲击 9. 复杂 力学 10. 意识 合金 11. 合金结构 合金工具 特殊性能 12. 结构 工具 特殊性能 13. 高速 耐磨性 红硬性 14. 腐蚀性 铬 铬镍 15. 大于 2.11% 16. 钢 石墨 17. 铸造 切削加工 耐磨 减振

二、判断题

1. 对 2. 对 3. 错 4. 错 5. 错 6. 对 7. 对 8. 对 9. 错 10. 错 11. 对 12. 对 13. 错 14. 错 15. 对 16. 对 17. 对 18. 错 19. 错 20. 错 21. 错 22. 对

三、选择题

1. A D B 2. B 3. C 4. C A B 5. B A D C 6. A C B 7. A B 8. B 9. A 10. A B C 11. B D E C A F G 12. B C 13. B C 14. C 15. B D 16. A D

四、名词解释

1. 碳素钢又称为碳钢，是含碳量（W_C）小于 2.11% 的铁碳合金。

2. 在碳钢的基础上加入合金元素得到合金钢。

3. 铸铁是含碳量大于 2.11% 的铁碳合金。

第三节　钢的热处理

 知识要求

知识点	要求
常用钢的热处理的方法	知道常用钢热处理的各种方法
钢的热处理的目的	会说明常用钢热处理的目的
钢的热处理的应用	初步会选用常用钢的热处理

知识重点难点精讲

热处理是将固态金属或合金采用适当的方式进行加热、保温和冷却，以获得所需要的组织结构与性能的工艺。热处理工艺广泛应用于机械制造业中。通过热处理能提高零件的使用性能，充分发挥钢材的潜力，延长零件的使用寿命；同时，热处理还能改善工件的加工工艺性能，提高加工质量，减少刀具磨损等。

热处理工艺的种类很多，根据加热和冷却方法不同，生产中常用的热处理工艺可大致分为普通热处理，即退火、正火、淬火、回火。表面热处理和化学热处理。

一、普通热处理

1. 退火

退火是将工件加热到相变温度以上某一温度，保温一段时间，随炉缓冷至 500℃ 以下，然后在空气中冷却的热处理工艺。退火的目的在于降低钢的硬度，改善切削性能；细化晶粒，减少组织不均匀性；消除内应力，稳定工件尺寸，减少工件变形与开裂。

常见的退火方法有完全退火、球化退火和去应力退火 3 种。

① 完全退火在加热过程中，使钢的组织全部转变为奥氏体，在冷却过程中，奥氏体转变为细小而均匀的平衡组织，从而降低钢的强度，细化晶粒，充分消除内应力。完全退火主要用于中碳钢及低、中碳合金结构钢的锻件、铸件等。

② 球化退火在加热过程中，使钢中碳化物呈球状，在缓慢冷却后，得到球状珠光体组织。球状珠光体硬度低，便于切削加工。球化退火适用于碳素工具钢、合金工具钢、轴承钢等。这些钢在锻造加工后，必须进行球化退火才适于切削加工，同时也为最后的淬火热处理做好组织准备。

③ 去应力退火在加热过程中，钢的组织不发生变化，只是消除内应力。零件中存在的内应力是十分有害的，如不及时消除，将使零件在加工及使用过程中发生变形，影响零件精度；此外，内应力与外加载荷叠加在一起会引起零件发生意外断裂。因此，加工后的工件应采用去应力退火，及时消除零件在加工过程中产生的内应力。

2. 正火

正火是将工件加热到相变温度以上某一温度，保温一段时间，从炉中取出在空气中自然冷却的热处理工艺。正火的目的与退火相似，不同的是冷却速度比退火快，同样的工件正火后的强度、硬度比退火后的高。低碳钢件正火可适当提高硬度，改善切削性能；高碳钢件正火可消除网状渗碳体，为以后热处理做好组织准备；对于性能要求不高的零件，正火可作为最终热处理。

退火与正火在某种程度上有相似之处，实际选用时可从以下 3 方面考虑。

① 从切削加工性考虑，钢材硬度过高难以加工，且刀具容易磨损；而钢材硬度过低，切削时容易"粘刀"，使刀具发热而磨损，且工件表面不光。因此，高碳钢必须采用退火，低碳钢优先采用正火。

② 从使用性能考虑，正火处理比退火处理具有较好的力学性能。若零件的性能要求不高，可用正火作为最终热处理，但当零件形状复杂时正火的冷却速度快，有引起开裂的危险，则以采用退火为宜。

③ 从经济性考虑，正火比退火的生产周期短，成本低，操作方便，故在可能的条件下优先采用正火。

3. 淬火

将工件加热到相变温度以上某一温度，保温一段时间，然后在水、盐水或油中急剧冷却。不同淬火介质的冷却能力不同，介质冷却能力用淬火冷却烈度（H 值）来表示。空气、油、盐水的冷却烈度依次增大。淬火的目的是提高钢的硬度和耐磨性。

淬火工艺有两个概念应重视，一是淬硬性，是指钢经淬火后能达到的最高硬度，它与钢中的含碳量有关；二是淬透性，是指钢在淬火时获得淬硬层深度的能力，它与钢的化学成分和淬火冷却方法有关。

由于钢在淬火时冷却速度快，工件会产生较大的内应力，极易引起工件的变形和开裂，因此，淬火后的工件必须及时回火。

为了使淬火时最大限度地减少变形和避免开裂，除了正确地进行加热和合理选择冷却介质外，还应根据工件的材料、尺寸、形状和技术要求选择合适的淬火方法。常用的淬火方法有以下几种。

① 单液淬火——将工件加热后，在单一淬火介质中冷却到室温的处理。单液淬火时，碳钢一般用水冷淬火，合金钢可用油冷淬火。单液淬火操作简单，易实现机械化、自动化。但由于单独用水或油，冷却特性不够理想，容易产生硬度不足或开裂等缺陷。

② 双介质淬火——将工件加热后，先浸入一种冷却能力强的介质中，在钢的组织还未开始转变时迅速取出，马上浸入另一种冷却能力弱的介质中，缓冷到室温，如先水后油、先水后空气等。双介质淬火产生的内应力小，变形及开裂少，但操作困难，不易掌握，主要用于碳素工具钢制造的易开裂的工件，如丝锥等。

③ 马氏体分级淬火——钢件奥氏体化后，随之浸入温度稍高或稍低于钢的上马氏体点的液态介质中，保持适当时间，待钢件的内外层都达到介质温度后取出空冷，以获得马氏体组织的淬火工艺。它能使工件内外的温差减到最小，可以减小淬火应力，防止工件变形和开裂。但由于冷却介质的冷却能力差，淬火后会出现组织不理想，故主要用于淬透性好的合金钢或截面不大、形状复杂的碳钢工件。

④ 贝氏体等温淬火——钢件奥氏体化后，随之快冷到贝氏体转变温度区间（260℃～400℃）等温保持，使奥氏体转变为贝氏体的淬火工艺。其目的是强化钢材，使工件获得强度和韧性的良好配合，以及高硬度和较好的耐磨性。贝氏体等温淬火可以显著地减少淬火应力和淬火变形，基本避免工件淬火开裂，故常用来处理形状复杂的各种模具、成形刀具等。

4. 回火

将淬火后的工件重新加热到相变温度以下的某一温度，保温后再加以适当的冷却速度冷却至室温。回火的目的是：稳定组织和尺寸，降低脆性，消除内应力；调整硬度，提高韧性，以获得良好的使用性能和力学性能。淬火钢的回火性能与回火的加热温度有关，强度和硬度一般随着回火温度的升高而降低；塑性和韧性则随着回火温度的升高而提高。根据回火温度不同，回火可分为低温回火、中温回火和高温回火。

通常将淬火后再进行高温回火的热处理方法称为调质。调质广泛应用于处理各种重要的、受力复杂的中碳钢零件。

二、表面淬火

利用快速加热的方法，将工件表层迅速升温至淬火温度，不等热量传至心部，立即冷却，使

得工作表面淬硬，获得高硬度和耐磨性，而心部仍保持原来的组织，具有良好的塑性和韧性。

零件表面淬火前，须进行正火或调质处理，表面淬火后进行低温回火。

三、化学热处理

将工件放在某种化学介质中，通过加热和保温，使介质中的一种或几种元素渗入钢的表层，以改变表层的化学成分、组织和性能。化学热处理的种类很多，一般以渗入元素来命名。常见的化学热处理有渗碳、氮化、氰化（氮、碳共渗）、渗金属、多元共渗等。化学热处理都是通过分解、吸收和扩散 3 个基本过程完成的。

 知识拓展

一、表面淬火

按表面加热的方法，表面淬火可分为感应加热表面淬火、火焰加热表面淬火等。

1. 火焰加热表面淬火

火焰加热表面淬火是应用氧—乙炔（或其他可燃气体）火焰对零件表面进行加热，随之快速冷却的淬火工艺。它的淬硬层深度一般为 2～6mm。这种方法的特点是：加热温度及淬硬层深度不易控制，淬火质量不稳定。但不需要特殊设备，故适用于单件或小批量生产，适用于中碳钢、中碳合金钢制造的大型工件。

2. 感应加热表面淬火

感应加热表面淬火是利用感应电流通过工件所产生的热效应，使工件表面受到局部加热，并进行快速冷却的淬火工艺。把工件放入空心铜管绕成的感应器内，感应器中通入一定频率的交流电，以产生交变磁场，于是工件内部就会产生频率相同、方向相反的感应电流（涡流）。由于涡流的趋肤效应，使涡流在工件截面上的分布是不均匀的，表面电流密度大，心部电流密度小，感应器中的电流频率越高，涡流越集中于工件的表层。由于工件表面涡流产生的热量，使工件表层迅速加热到淬火冷却起始温度（心部温度仍接近室温），随即快速冷却，从而达到了表面淬火的目的。

为了得到不同的淬硬层深度，可采用不同频率的电流进行加热。

感应加热淬火的频率选择

类　别	频 率 范 围	淬硬层深度	应 用 举 例
高频感应加热	200～300kHz	0.5～2	在摩擦条件下工作的零件，如小齿轮、小轴
中频感应加热	1～10kHz	2～8	承受扭曲、压力载荷的零件，如曲轴、大齿轮、主轴
工频感应加热	50Hz	10～15	承受扭曲、压力载荷的大型零件，如冷轧辊

感应加热表面淬火有如下特点。

① 加热速度快。零件由室温加热到淬火温度仅需几秒到几十秒的时间。

② 淬火质量好。由于加热迅速，奥氏体晶粒不易长大，淬火后表层可获得细针马氏体，硬度比普通淬火高 2～3HRC。

③ 淬硬层深度易于控制。淬火操作易实现机械化和自动化，但设备较复杂，故适用于大批

量生产。

二、化学热处理

1. 钢的渗碳

钢的渗碳是将钢件在渗碳介质中加热并保温，使碳原子渗入表层的化学热处理工艺。目的是提高钢件表层的含碳量和一定的碳浓度梯度。渗碳后工件经淬火及低温回火，表面获得高硬度，而其内部又具有高韧性。

为了达到上述要求，渗碳零件必须用低碳钢或低碳合金钢来制造。

2. 钢的渗氮

钢的渗氮是在一定温度下，使活性氮原子渗入工作表面的化学热处理工艺。其目的是提高零件表面的硬度、耐磨性、耐蚀性及疲劳强度。

渗氮与渗碳相比，有如下特点。

① 渗氮层具有很高的硬度和耐磨性，钢件渗氮后不用淬火就可得到高硬度。例如，38CrMoAl钢渗氮层硬度高达 1 000HV 以上（相当于 HRC69～72），而且这些性能在 600℃～650℃时仍可维持。

② 渗氮温度低，工件变形小。

③ 渗氮零件具有很好的耐蚀性，可防止水、蒸气和碱性溶液的腐蚀。

渗氮虽然具有上述特点，但它的生产周期长，成本高，渗氮层薄而脆，不宜承受集中的重载荷，这就使渗氮的应用受到一定限制。在生产中渗氮主要用来处理重要的和复杂的精密零件，如精密丝杆、镗杆、排气阀、精密机床的主轴等。

3. 碳氮共渗

碳氮共渗是在一定温度下，将碳、氮同时渗入工件表层奥氏体中，并以渗碳为主的化学热处理工艺。

碳氮共渗同渗碳相比，具有很多优点。它不仅加热温度低，零件变形小，生产周期短，而且渗层具有较高的硬度、耐磨性和疲劳强度。目前工厂里常用该工艺来处理汽车和机床上的齿轮、蜗杆和轴类零件。

以渗氮为主的液体碳氮共渗，也称为"软氮化"。它常用的共渗介质是尿素，处理温度一般不超过 570℃，处理时间仅为 1～3h。与一般渗氮相比，渗层硬度较低，脆性较小。软氮化常用来处理模具、量具、高速钢刀具等。

 例题解析

例： 确定下列淬火零件或工具，应采用的回火方法。

（1）T10A 钢刮刀，要求 60HRC，采用（　　　）。

（2）45 钢镗杆，要求 220～260HBS，采用（　　　）。

（3）65Mn 钢的板弹簧，要求 32～36HRC，采用（　　　）。

　　A. 低温回火　　　B. 中温回火　　　　　C. 高温回火　　　　　D. 正火

分析： 先分析零件或工具所用场合的性能要求，再对照各种回火的目的来选用回火种类。T10A 金钢刮刀是刀具，需要高的硬度和耐磨性，应选用低温回火；45 钢镗杆受力较大且复杂，需要具

有综合的力学性能，应选用高温回火；65Mn 钢的板弹簧是弹性零件，需要高的弹性极限、较高的强度、较高的硬度、足够的韧性，应选用中温回火。

解答：（1）A （2）C （3）B

 习题解答

1. 退火的冷却方式为随炉冷却，正火的冷却方式为空冷，淬火的冷却方式为水、油等快速冷却。

2. 正火 渗碳后淬火加低温回火 工艺曲线图（略）

3. 热处理淬火后，硬度值由高到低分别为 T12、65 钢、45 钢。淬火后都得到马氏体组织，含碳量越高，马氏体的过饱和量越大，马氏体的硬度就越大。

知识测评

一、填空题

1. 两种或两种以上的元素熔合，形成的具有＿＿＿＿＿＿＿＿＿特性的物质称为合金。

2. 铁碳合金相图是表示在＿＿＿＿＿＿＿＿＿的情况下，＿＿＿＿＿＿＿＿＿，随温度变化时所具有的组织或状态的图形。

3. 铁碳合金的基本相有铁素体、＿＿＿＿＿＿和渗碳体。

4. 钢的热处理是通过钢在固态下的＿＿＿＿＿、＿＿＿＿＿和＿＿＿＿＿，使其获得所需＿＿＿＿＿与＿＿＿＿＿的一种工艺方法。

5. 常用的退火方法有完全退火、＿＿＿＿＿退火和＿＿＿＿＿退火。

6. 正火的冷却方式为＿＿＿＿＿并获得索氏体组织。其作用与＿＿＿＿＿＿基本相同。

7. 淬火的主要目的是提高钢的＿＿＿＿＿＿＿和＿＿＿＿＿。

8. 常用淬火冷却介质有＿＿＿＿＿、矿物油和盐水等。形状简单的碳钢一般用＿＿＿＿＿淬，合金钢常用＿＿＿＿＿＿淬。

9. 常用的淬火方法有＿＿＿＿＿＿＿＿、＿＿＿＿＿＿＿＿、分级淬火和等温淬火 4 种。

10. 回火是将＿＿＿＿＿重新加热到工艺预定的某一温度范围，经＿＿＿＿＿后冷却到室温的工艺方法。

11. 淬火钢回火可获得使用要求的＿＿＿＿＿＿，稳定组织和尺寸，并消除＿＿＿＿＿＿＿。

12. 回火分为＿＿＿＿＿回火、＿＿＿＿＿＿回火和高温回火 3 类。

13. 表面淬火时工件＿＿＿＿＿＿被淬硬到一定深度，而心部仍保持未淬火状态，是一种局部淬火方法。

14. 渗氮其渗入工件表层的是＿＿＿＿＿，以形成致密的氮化物，目的是提高表面硬度、耐磨性和＿＿＿＿＿能力。

15. 渗碳零件一般用低碳钢或＿＿＿＿＿＿＿钢。

16. 氰化时同时向零件表面渗入两种原子，氰化又称为＿＿＿＿＿＿共渗。

17. 在机械零件中，要求表面具有＿＿＿＿＿＿和＿＿＿＿＿，而心部要求足够＿＿＿＿＿和＿＿＿＿＿时，应进行表面热处理。

二、判断题

1. 碳钢处于单一的奥氏体时塑性最好，故碳钢锻造时必须加热到单一奥氏体状态。（ ）

2. 生产中广泛运用 Fe-Fe$_3$C 状态图选择材料，制订热加工工艺。（ ）

3. 改善 20 钢的切削加工性能，可以采用完全退火。（　　　）

4. 为了消除部分碳素工具钢组织中存在的网状渗碳体，可采用球化退火。（　　　）

5. 去应力退火的目的是消除铸件、焊接件和切削加工件的内应力。（　　　）

6. 有一 50 钢的工件，图样上标出淬火硬度要求为 36～38HRC。那么当回火前测出硬度为 58HRC，则表示不合格。（　　　）

7. 含碳量低于 0.25% 的碳钢，可用正火代替退火，以改善切削加工性。（　　　）

8. 淬火后的钢，回火温度越高，其强度和硬度也越高。（　　　）

9. 用 65Mn 钢制造的弹簧经淬火和中温回火后，其 R_{eL} 值显著提高。（　　　）

10. 感应加热表面淬火，硬化层深度取决于电流频率：频率越低，硬化层越浅；反之，频率越高，硬化层越深。（　　　）

三、选择题

1. 含碳为 1.3% 的铁碳合金，在 950℃时的组织为（　　　），在 650℃时的组织为（　　　）。

    A. 珠光体　　　　　B. 奥氏体　　　　　C. 铁素体加珠光体　　　D. 珠光体加渗碳体

2. 为改善下列零件毛坯的切削性能，以及消除内应力，应用哪种热处理方法较合适。

40 钢的车轮毛坯应用（　　　）；T10 钢模具体毛坯应用（　　　）；焊接的箱体应用（　　　）。

    A. 退火　　　　　　B. 去应力退火　　　　C. 正火　　　　　　D. 淬火

3. 40Cr 钢制主轴淬火时，用（　　　）作淬火冷却介质均能保证获得马氏体组织。

    A. 水　　　　　　　B. 10%盐水溶液　　　C. 矿物油　　　　　D. 容气

4. 工厂中的一般淬火规律是碳钢淬（　　　），而合金钢淬（　　　）。

    A. 水　　　　　　　B. 油　　　　　　　C. 空气　　　　　　D. 蒸气

5. 钢的回火处理在（　　　）后进行。

    A. 淬火　　　　　　B. 正火　　　　　　C. 退火　　　　　　D. 化学热处理

6. 下列淬火零件或工具，应采用哪种回火方法。

（1）T10A 金钢刮刀，要求 60HRC，采用（　　　）。

（2）45 钢镗杆，要求 220～260HBS，采用（　　　）。

（3）65Mn 钢的板弹簧，要求 32～36HRC，采用（　　　）。

    A. 低温回火　　　　B. 中温回火　　　　C. 高温回火　　　　D. 以上答案都不对

7. 调质处理就是（　　　）的热处理。

    A. 淬火+低温回火　B. 淬火+中温回火　C. 淬火+高温回火　D. 淬火+正火

8. 化学热处理与其他热处理方法的基本区别是（　　　）。

    A. 加热温度　　　　B. 冷却速度　　　　C. 改变表面化学成分　D. 保温时间

9. 零件渗碳后，一般需经（　　　）处理，才能达到表面硬而耐磨的目的。

    A. 淬火+低温回火　B. 正火　　　　　　C. 调质　　　　　　D. 淬火+中温回火

10. 用 15 钢制造的凸轮，要求凸轮表面高硬度（硬化层深 1.5mm），而心部具有良好的韧性，应采用（　　　）热处理。若改用 45 钢制造这一凸轮，则采用（　　　）热处理。

    A. 表面淬火+低温回火　　　　　　　　B. 渗碳+淬火+低温回火

    C. 氮化　　　　　　　　　　　　　　　D. 淬火

四、名词解释

热处理

知识测评参考答案:

一、填空题

1. 金属 2. 缓慢冷却(或缓慢加热) 不同成分的铁碳合金 3. 奥氏体 4. 加热 保温 冷却 组织结构 性能 5. 球化 去应力 6. 空冷 完全退火 7. 硬度 耐磨性 8. 水 水 油 9. 单液淬火 双液淬火 10. 淬火钢 保温 11. 力学性能 内应力 12. 低温 中温 13. 表面 14. 活性氮原子 抗蚀 15. 低碳合金 16. 碳氮 17. 高硬度 耐磨性 塑性 韧性

二、判断题

1. 对 2. 对 3. 错 4. 错 5. 对 6. 错 7. 对 8. 错 9. 对 10. 错

三、选择题

1. B D 2. C A B 3. C 4. A B 5. A 6. A C B 7. C 8. C 9. A 10. B A

四、名词解释

热处理指金属在固态下进行加热、保温和冷却,以改变其内部组织,从而获得所需性能的一种工艺方法。

第四节 有色金属材料和非金属材料

 知识要求

知 识 点	要 求
有色金属材料的分类、牌号、性能和应用	能区分常用有色金属材料的分类,了解常用有色金属材料的牌号、性能和应用
非金属材料的特性、分类和应用	了解常用塑料和复合材料的特性、分类和应用

 知识重点难点精讲

一、常用有色金属

有色金属具有一些特殊的性能,如良好的导热性、导电性及耐腐蚀性,已成为现代工业中不可缺少的重要材料。

1. 铜及其合金

纯铜——纯铜又称紫铜,外观呈紫红色。它具有良好的导电、导热性,极好的塑性和耐腐性,但力学性能较差,不宜用作机械零件,常用作导电材料和耐腐元件,如电线、蒸发器、雷管、管道、铆钉等。

黄铜——黄铜是铜和锌的合金。它色泽美观,有良好的防腐性及机械加工性,一般用于制造耐腐、耐磨零件,如复杂冲压件、散热器外壳、波纹管、轴套、导电排、海轮、弱电上用的零件等。黄铜的牌号用"黄"的汉语拼音字头加"H"数字表示,数字表示平均含铜量的百分数。例如,H62 表示含铜量为 62%,含锌量为 38%的黄铜。

青铜——青铜是铜和锡、铝等其他元素的合金的通称。青铜分为锡青铜和无锡青铜两种。锡青铜是一种很重要的减摩材料，主要用于摩擦零件和耐腐零件的制造，如轴承、轴套、缸套、蜗轮、丝杠螺母和在腐蚀介质下工作的耐磨零件。青铜的牌号以"Q"为代号，后标主要元素符号和含量，如 QSn4-3 表示含锡量为 4%、含锌量为 3%，其余为铜（93%）的压力加工青铜。

铸造铜合金的牌号用"ZCu"及合金元素符号和含量组成，如 ZCuSn5Pb5Zn5 表示含锡、铅、锌各为 5%，其余为铜（85%）的铸造青铜。

2. 铝及其合金

纯铝——纯铝是一种低密度、低熔点、导电和导热性好、塑性好、强度和硬度低的金属。铝在空气中极易形成致密的氧化铝薄膜，故它在空气中有良好的抗腐能力，主要用作导电材料和耐腐零件的制造，如电容器、电子管隔离罩、电缆、导电体、装饰件等。

铝合金——铝中加入适量的铜、镁、硅、锰等元素即成铝合金。铝合金有良好的抗腐性、较好的塑性和足够的强度，且多数可进行热处理强化。铝合金可分变形铝合金和铸造铝合金两大类。变形铝合金具有较高的强度和良好的塑性，主要用作各种型材及构件的制造，如超硬铝用于制造飞机上受力较大的构件（飞机大梁、起落架等）；锻铝用于航空及仪表工业，用来制造形状复杂、质量轻且要求强度较高的零件（离心式压气机的叶轮、飞机操纵系统中的摇臂等）。铸造铝合金具有良好的铸造性，可以铸成各种形状复杂的零件。

3. 轴承合金

轴承合金是用来制造滑动轴承的特定材料。它具有足够的强度和硬度；高的耐磨性、低的减摩系数；足够的塑性、韧性和较高的疲劳强度；良好的导热性、耐腐性等特点。故轴承合金的理想组织，应由塑性好的软基体和均匀分布在软基体上的硬质点（一般为化合物）构成。

常用的轴承合金有锡基轴承合金、铅基轴承合金和铝基轴承合金。

（1）锡基轴承合金（锡基巴氏合金）

这种轴承合金具有适中的硬度、低的摩擦系数，有较好的塑性和韧性、优良的导热性和耐蚀性等优点，常用于重要的轴承。由于锡是稀缺昂贵的金属，因此妨碍了它的广泛应用。

这类合金的代号表示方法为"ZCh"（"铸"及"承"两字的汉语拼音字母字头）+基体元素和主加元素的化学符号+主加元素与辅加元素的含量。例如，ZChSnSb11-6 为锡基轴承合金，主加元素锑的含量为 11%，附加元素铜的含量为 6%，其余为锡。

（2）铅基轴承合金（铅基巴氏合金）

铅基轴承合金的强度、硬度、韧性均低于锡基轴承合金，且摩擦系数较大，故只用于中等负荷的轴承。由于价格便宜，在可能的情况下，应尽量代替锡基轴承使用。

它的代号表示方法与锡基轴承合金相同。例如，ZChPbSb16-16-2，其中 Pb 为基体元素，Sb 为主加元素，其含量为 16%，辅加元素锡的含量为 16%，铜的含量为 2%，其余为铅。

（3）铝基轴承合金

铝锑镁轴承合金是以铝为基体，加入锑 2.5%～4.5% 和镁 0.3%～0.7% 的元素组成的合金，它的组织中，软基体为共晶组织（Al + SbAl），硬质点为金属化合物 SbAl。由于镁的加入能使针状的 SbAL 改变为片状，从而改善了合金的塑性和韧性，提高了屈服强度。这种合金目前已大量应用在低速柴油机等的轴承上。

高锡铝基轴承合金以铝为基体，加入锡约 20% 和铜 1% 所组成的合金，它的组织实际上是在硬基体上分布着软质点（球状的锡）。在合金中加入铜，以使其溶入铝中进一步强化基体，使轴承合金具有高的疲劳强度，良好的耐热、耐磨的抗蚀性。这种合金，目前已在汽车、拖拉机、内燃机车上推广使用。

二、非金属材料

1. 塑料

塑料是一种高分子物质合成材料。它以树脂为基础，再加入添加剂（如增塑剂、稳定剂、填充剂、固化剂、染料等）制成。

（1）按塑料的热性能分类

按塑料的热性能不同分为热塑性塑料和热固性塑料。

① 热塑性塑料：这类塑料加热时软化，可塑造成形，冷却后变硬，再次加热又软化，冷却又变硬，可多次变化。它的变化是一种物理变化（塑化），化学结构基本不变。常用的热塑性材料有聚乙烯、聚氯乙烯、聚丙烯、ABS、聚甲醛、聚碳酸脂、聚苯乙烯、聚四氟乙烯、聚砜等。这种塑料具有加工成形简单、力学性能较好的优点，缺点是耐热性和刚性较差。

② 热固性塑料：这类塑料加热时软化，可塑造成形，但固化后的塑料既不溶于溶剂，也不再受热软化，只能塑制一次。常用的热固性塑料有酚醛塑料、氨基塑料、环氧塑料等。这类塑料具有耐热性能好，受压不易变形等优点，缺点是力学性能不好。

（2）按塑料的使用范围分类

按塑料使用范围的不同分为通用塑料、工程塑料和耐热塑料。

① 通用塑料：通用塑料是指产量大、用途广、价格低而受力不大的塑料产品。主要有聚乙烯、聚氯乙烯、聚苯乙烯、聚丙烯、酚醛塑料、氨基塑料等，它们是一般工农业生产和日常生活不可缺少的塑料。

② 工程塑料：工程塑料是指力学性能较好，耐热、耐寒、耐蚀和电绝缘性良好的塑料，它们可取代金属材料制造机械零件和工程结构。这类塑料主要有聚碳酸酯、聚酰胺（即尼龙）、聚甲醛、聚砜、ABS 等。

③ 耐热塑料：耐热塑料是指在较高温度下工作的各种塑料，如聚四氟乙烯、环氧塑料、有机硅塑料等均能在 100℃～2 000℃的温度下工作。

2. 复合材料

复合材料是由两种或多种固体材料（不同的非金属材料、非金属材料与金属材料、不同的金属材料）复合而成。复合材料与金属和其他固体材料相比，具有比强度和比模量高、抗疲劳强度高、减振性好、耐高温能力强、断裂安全性好、化学稳定性、减磨性和电绝缘性良好等特点。

按复合材料增强剂的种类和结构形式的不同，复合材料可分为如下 3 类。

① 纤维增强复合材料。这类复合材料以玻璃纤维、碳纤维、硼纤维等陶瓷材料作复合材料的增强剂，将塑料、树脂、橡胶、金属等材料复合而成，如橡胶轮胎、玻璃钢、纤维增强陶瓷等都是纤维复合材料。

② 层叠复合材料。由两层或多层不同材料复合而成，如三合板、五合板、钢—铜—塑料复合的无油润滑轴承材料等就是这类复合材料。

③ 颗粒复合材料。如硬质合金就是由 WC-Co 或 WC-TiC-Co 等组成的细粒复合材料。

知识拓展

一、硬质合金

硬质合金是将一种或多种难熔金属的碳化物和黏接剂金属，用粉末冶金方法制成的金属材料，即将难熔的高硬度的 WC、TiC、TaC 和钴、镍等金属（黏接剂）粉末经混合、压制成形，再在高温下烧结制成。硬质合金具有高的硬度、热硬性、耐磨性，在 900℃～1 000℃时仍有较高的硬度，其切削速度、耐磨性及寿命均比高速钢显著提高。

按成分与性能特点不同，常用的硬度合金有如下 3 类。

（1）钨钴类硬质合金：主要成分为碳化钨及钴。其代号用"硬""钴"两字的汉语拼音字头"YG"加数字表示，数字表示含钴量的百分数，如 YG8，表示钨钴类硬质合金，含钴量为 8%。

（2）钨钴钛类硬质合金：主要成分为碳化钨、碳化钛及钴。其代号用"硬""钛"两字的汉语拼音字头"YT"加数字表示，数字表示碳化钛的百分数，如 YT5，表示钨钴钛类硬质合金，含碳化钛 5%。

在硬质合金中，碳化物含量越多，钴含量越少，则合金的硬度、热硬性及耐磨性越高，合金的强度和韧性越低。含钴量相同时，YT 类硬质合金由于碳化钛的加入，合金具有较高的硬度及耐磨性，同时，合金的表面会形成一层氧化薄膜，切削不易粘刀，具有较高的热硬性；但其强度和韧性比 YG 类硬质合金低。因此，YG 类硬质合金刀具适合加工脆性材料（如铸铁），而 YT 类硬质合金刀具适合加工塑性材料（如钢等）。

（3）通用硬质合金：它是以碳化钽或碳化铌取代 YT 类硬质合金中的一部分碳化钛制成的。由于加入碳化钽（碳化铌），显著提高了合金的热硬性，常用来加工不锈钢、耐热钢、高锰钢等难加工的材料，所以也称其为"万能硬质合金"。万能硬质合金代号用"硬""万"两字汉语拼音字母字头"YW"加顺序号表示，如 YW1、YW2 等。

上述硬质合金的硬度高、脆性大，除磨削外，不能进行切削加工，一般不能制成形状复杂的整体刀具，故一般将硬质合金制成一定规格的刀片，使用前将其紧固（用焊接、黏接或机械紧固）在刀体或模具上。

二、橡胶

橡胶是一种高分子材料，它的弹性模量很低，伸长率很高（100%～1 000%），具有优良的拉伸性能和储能性能。此外，还有优良的耐磨性、隔音性和绝缘性。在机械零件中，广泛用于制造密封件、减振件、传动件、轮胎和电线等。橡胶是以生胶为基础再加入适量的配合剂制成的。

三、胶黏剂

胶黏剂是以富有黏性的物质为基料，加入各种添加剂而成。它能将物质胶黏在一起，使胶接面具有足够的胶接强度。胶接可以部分代替铆接、焊接和机械连接，可以接合无法焊接的金属，还可以使金属与橡胶、塑料、陶瓷等非金属材料接合，在航天和航空工业中，胶黏剂也是生产产品的重要材料之一。

常用的天然胶黏剂有骨胶、虫胶、桃胶、树汁等。目前大量使用的人工合成树脂胶黏剂，由黏接剂（如酚醛树脂、聚苯乙烯等）、固化剂、填料及各种附加剂（如增韧剂、抗氧化剂）组成，并按不同的使用要求采用不同的配方。

四、陶瓷材料

陶瓷在传统上是指陶器和瓷器，也包括玻璃、水泥、石灰、石膏、搪瓷等。这些材料都是用天然的硅酸盐矿物，如黏土、石灰石、长石、硅沙等原料生产的，所以陶瓷材料也称硅酸盐材料。

科学技术的发展，使陶瓷材料获得了飞速发展，许多新型陶瓷材料的成分远远超出硅酸盐的范畴。陶瓷材料的性能也有了很大的发展，除应用于传统的陶瓷制品外，还广泛应用在国防、宇航、电气等工业部门。现代的陶瓷材料和高分子材料、金属材料一起被称为三大固体工程材料。

陶瓷具有硬度高、耐磨性好、熔点高、热硬性高、抗氧化腐蚀能力强、绝缘性好等优点。目前，陶瓷材料已广泛用于制造零件、工具、工程构件等。

按照习惯，陶瓷一般可分为普通陶瓷和特种陶瓷两大类。

（1）普通陶瓷又称传统陶瓷，它是以天然的硅酸盐矿物（黏土、长石或硅砂等）为原料，经过粉碎、成形和烧结而制成，主要用于日用和建筑陶瓷。

（2）特种陶瓷是采用人工合成材料（如氧化物、氮化物、硅化物、碳化物和硼化物）经过粉碎、成形和烧结而制成陶瓷，主要用于化工、冶金、机械、电子等行业。

 例题解析

例：ZChSnSb8-4 常用于制造（　　　）的轴承。

　　A. 高转速大负荷　　　B. 低转速小负荷　　　C. 低转速大负荷联　　　D. 以上答案都不对

分析：根据零件的应用场合，分析性能要求，对照材料所具备的性能来进行选用。轴承材料 ZChSnSb8-4 应用在高转速大负荷。

解答：A

 习题解答

1. H96——普通黄铜；QSn4-3——锡青铜；ZL102——铸造铝合金；LF5——变形铝合金；TC1——钛合金；ZSnSb11Cu6——锡基轴承合金。

2. 蜗轮——QSn4-3；飞机大梁——LC4；发动机高速轴承——ZSnSb11Cu6；防护玻璃——玻璃钢；航空发动机叶片——硼纤维复合材料；涡轮叶片——金属纤维金属复合材料。

 知识测评

一、填空题

1. 工业上常将＿＿＿＿＿＿＿＿以外的金属和合金统称为＿＿＿＿＿＿金属或非铁金属。

2. 铝合金按加入元素的含量多少和工艺特点不同，可分为＿＿＿＿＿铝合金和＿＿＿＿＿铝合金两类。

3. 铜合金按主加元素不同分为＿＿＿＿＿　、＿＿＿＿＿和白铜。

4. 普通黄铜是＿＿＿＿＿、＿＿＿＿＿二元合金。在普通黄铜中再加入其它元素时称＿＿＿＿＿黄铜，合金元素加入后一般都能提高＿＿＿＿＿＿。

5. 制造滑动轴承轴瓦和内衬的金属材料称_____。

6. 钛及钛合金重量轻、_____、_____、耐腐蚀以及具有良好低温韧性，是航空航天、造船等行业中的重要结构材料。

7. 塑料具有_____、_____、_____、抗腐蚀能力强、成型工艺好和耐磨性好的优点。

二、判断题

1. 制造飞机起落架和大梁等承载零件时可选用钢铁。（　　　）

2. 轴承合金的理想组织应由硬基体上均匀分布软质点组成。（　　　）

3. 热固性塑料是可以反复进行成型加工。（　　　）

三、选择题

1. 选择下列相应的牌号：

普通黄铜（　　　）；特殊黄铜（　　　）；锡青铜（　　　）；特殊青铜（　　　）。

　A. H68　　　　　　　B. QSn4-3　　　　　　C. QBe2　　　　　　D. HSn62-1

2. 选择下列相应的牌号：

硬铝（　　　）；防锈铝合金（　　　）；超硬铝（　　　）；铸造铝合金（　　　）。

　A. LF21　　　　　　B. LY10　　　　　　　C. ZL101　　　　　　D. LC4

3. 下列材料中适合制造滑动轴承是（　　　）。

　A. 45　　　　　　　　B. T10　　　　　　　C. 60Si2Mn　　　　D. ZChSnSb11-6

4. ZChSnSb8-4常用于制造（　　　）的轴承。

　A. 高转速大负荷　　　B. 低转速小负荷　　　C. 低转速大负荷　　　D. 以上答案都不对

四、名词解释

1. 有色金属

2. 塑料

3. 复合材料

知识测评参考答案：

一、填空题

1. 钢铁　有色　2. 变形　铸造　3. 黄铜　青铜　4. 铜　锌　特殊　力学性能　5. 轴承合金　6. 比强度高　耐高温　7. 比强度高　电绝缘性好　吸振性好

二、判断题

1. 错　2. 错　3. 错

三、选择题

1. A D B C　2. B A D C　3. D　4. A

四、名词解释

1. 有色金属是除铁及其合金以外的非铁金属及合金的统称，也称非铁金属。

2. 塑料是指以树脂为主要成分的有机高分子固体材料。

3. 复合材料是将两种或多种性质不同的材料，通过物理和化学复合组成的多相材料。

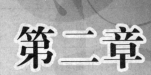

第二章

工程力学基础

第一节 杆件静力分析

 知识要求

知 识 点	要 求
力的概念与基本性质	能理解力的概念与基本性质
力矩和力偶	能理解力矩和力偶的概念及区别
约束和约束反力	会对研究对象进行受力分析
*简化平面力系	能作杆件的受力图
*建立力系平衡方程	会建立平衡方程求解未知力

 知识重点难点精讲

一、力的概念与基本性质

1. 力的概念

力是物体间的相互作用。

力对物体的效应是使物体的运动状态发生变化或使物体发生变形。

力对物体的效应取决于力的大小、方向和作用点，即力的三要素。

2. 静力学公理

公理1：二力平衡公理	只受两个力作用的刚体，使刚体保持平衡状态的充分和必要条件是：两力等值、反向、共线
公理2：加减平衡力系公理	在已知力系上加上或减去任意一平衡力系，不会改变原力系对刚体的作用效应
推论1：力的可传递原理	作用于刚体上某一点的力可沿其作用线移至刚体上的任意点，而不会改变原力系对刚体的作用效应

续表

公理3：力的平行四边形公理	作用于物体上某一点的两个力的合力也作用于该点，合力的大小和方向由这两个力为邻边构成的平行四边形的对角线来确定
推论2：三力平衡汇交定理	刚体上受同一平面内互不平行的3个力作用而且相互平衡时，则此3个力的作用线汇交于一点，并在同一平面内
公理4：作用与反作用公理	两个物体间的作用力和反作用力总是同时存在，且大小相等、方向相反、沿着同一直线（等值、反向、共线），分别作用在这两个物体上

二、力矩和力偶：

	力　矩	力　偶
定义	力使物体转动效应的度量	大小相等、方向相反但不共线的两个平行力组成的力系
大小	力矩 $Mo(F) = F \cdot h$	力偶矩 $M = F \cdot d$
单位	牛顿·米（N·m）	牛顿·米（N·m）
正负	力使刚体绕矩心作逆时针方向转动时，力矩为正，反之为负	逆时针转向为正，顺时针转向为负
性质	力矩在两种情况下为零 （1）力等于零 （2）力臂等于零，即力的作用线通过矩心	力偶对物体的转动效应完全取决于力偶矩的大小和力偶的转向，而与矩心无关 力偶对物体不能产生移动效应，即力偶无合力，力偶不能与力等效，也不能用一力来平衡，力偶只能用力偶来平衡

三、约束和约束反力

确定约束反力的方法如下。
① 约束反力的作用点就是约束与被约束物体的相互接触点或相互连接点。
② 约束反力的方向与该约束所阻碍的运动趋势方向相反。
③ 约束反力的大小可采用平衡条件计算确定。

四、简化平面力系

平面力系向一点简化的方法是应用力的平移定理，将平面力系分解成两个力系，即平面汇交力系和平面力偶系，然后再将两个力系分别合成。

必须注意，主矢等于各力的矢量和，它是由原力系中各力的大小和方向决定的，所以它与简化中心的位置无关。而主矩等于各力对简化中心之矩的代数和，简化中心选择不同时，各力对简化中心的矩也不同，所以在一般情况下主矩与简化中心的位置有关，必须指明是力系对哪一点的主矩。

 知识拓展

几种平面特殊力系的平衡方程如下所示。

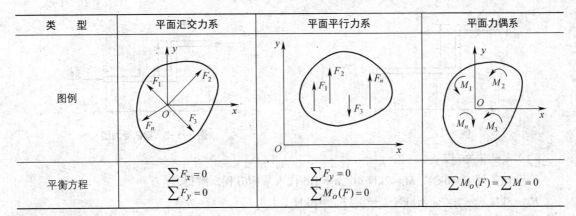

类 型	平面汇交力系	平面平行力系	平面力偶系
图例			
平衡方程	$\sum F_x = 0$ $\sum F_y = 0$	$\sum F_y = 0$ $\sum M_o(F) = 0$	$\sum M_O(F) = \sum M = 0$

 例题解析

例1：图 2-1-1（a）所示为三铰拱桥简图，A、B 为固定铰链支座，C 为连接左右半拱的中间铰链，在拱 AC 上作用载荷 P，拱的自重不计，试分别作出拱 AC 和 CB 的受力图。

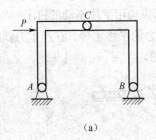 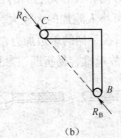 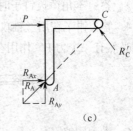

（a）	（b）	（c）

图 2-1-1 三铰拱桥受力分析

分析：在分离体上要画出全部主动力和约束反力。在画约束反力时，必须严格按照约束性质画出，不能随意取舍。要注意作用力与反作用力的关系，还要会应用二力平衡公理、三力汇交原理简化。

解答：（1）取拱 BC 为研究对象。因拱 BC 自重不计，在 B、C 两处受到铰链约束，因此拱 BC 为二力杆。约束力 R_B 和 R_C 方向沿着连线 BC，且等值、反向，如图 2-1-1（b）所示。

（2）取拱 AC 为研究对象。在铰链 C 处，BC 的约束力为 R_C'，且 $R_C' = R_C$。拱在 A 处受到铰链 A 的约束力 R_A 的作用，可用两个大小未知的正交分力 R_{Ax} 和 R_{Ay} 来代替。分析拱 AC 受力情况，满足三力平衡汇交定理。所以反力 R_A 的作用线必通过力 R_C' 与 P 的交点，如图 2-1-1（c）所示。

例2：试求图 2-1-2 所示梁的支座反力。已知 $F = 6\text{kN}$，$M = 2\text{kN·m}$，$a = 1\text{m}$。

分析：此题为平面一般力系，应先对梁进行受力分析，确定支座反力的个数，然后列平衡方程求出未知力。

解答：（1）取梁 AB 画受力图如图 2-1-3 所示。

（2）建直角坐标系，列平衡方程。

$$\sum F_x = 0, \quad F_A - F_{Bx} = 0$$
$$\sum F_y = 0, \quad F_{By} - F = 0$$
$$\sum M_B(F) = 0, \quad -F_A \times a + F \times a + M = 0$$

第二章 工程力学基础

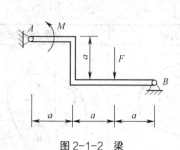

图 2-1-2　梁

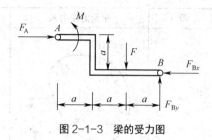

图 2-1-3　梁的受力图

（3）求解未知量。

将已知条件 $F = 6kN$，$M = 2kN \cdot m$，$a = 1m$ 代入平衡方程，解得

$F_A = 8kN$（→）；$F_{Bx} = 8kN$（←）；$F_{By} = 6kN$（↑）。

 习题解答

1. 答（可由学生选取周围物体作为研究对象进行受力分析，如：衣架晾物、扳手拧松螺母、驾驶员操纵方向盘等）。

2. 答：不正确，若两力大小相等、方向相反，则它们的合力为 0，小于任意一个分力。

3. 答：羊角锤拔钉子时形成杠杆，可将人施加的力放大，从而拔起用手拔不动的钉子

4. 答：钳工在用丝锥攻丝时，如果只在手柄的单边加力，根据力的平移定理，在产生力偶的同时必然有一个力 F' 作用在丝锥杆上，故丝锥容易折断。参见下图。

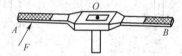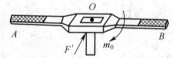

5. 受力图略。

6. 答：$F_{CD} = 15.1KN$　　　$F_{AX} = 13.07KN$　　　$F_{AY} = 2.45KN$

 知识测评

一、填空题

1. 力是物体间的相互_____，其效果是使物体的_____发生变化或使物体_____。

2. 车床上的三爪卡盘将工件夹紧之后，工件夹紧部分对卡盘既不能有相对移动，也不能有相对转动，这种形式的约束属于_____约束。

3. 力 F 使刚体绕某点 O 的转动效应，不仅与 F 的_____成正比，而且与 O 至力作用线的_____成正比。

4. 对于平面力偶，力偶对物体的转动效应完全取决于力偶矩的_____和力偶的_____，而与_____无关。力偶_____与一个力等效，也_____被一个力平衡。

5. 平面任意力系，有_____个独立的平衡方程，可求解_____个未知量。

二、判断题

1. 力有两种作用效果，即力可以使物体的运动状态发生变化，也可以使物体发生变形。（　　　）

2. 如物体相对于地面保持静止或匀速运动状态，则物体处于平衡。（　　　）

3. 作用在同一物体上的两个力，使物体处于平衡的必要和充分条件是：这两个力大小相等、方向相反、沿同一条直线。（　　　）

4. 作用于刚体的力可沿其作用线在该刚体上移动而不改变其对刚体的运动效应。（　　）

5. 两端用光滑铰链连接的构件是二力构件。（　　）

6. 成力偶的两个力 $F = -F$，所以力偶的合力等于零。（　　）

7. 已知一刚体在 5 个力作用下处于平衡，如其中 4 个力的作用线汇交于 O 点，则第 5 个力的作用线必过 O 点。（　　）

8. 当平面一般力系对某点的主矩为零时，该力系向任意一点简化的结果必为一个合力。（　　）

三、选择题

1. 对刚体定义的正确理解是（　　）。

    A. 刚体就是如金刚石一样非常坚硬的物体

    B. 刚体是指在外力作用下变形极小的物体

    C. 刚体是理想化的力学模型

2. 下列动作中，（　　）的动作属力偶作用。

    A. 用手提重物

    B. 用羊角锤拔钉子

    C. 汽车司机双手握方向盘驾驶汽车

3. 对作用力与反作用力的正确理解是（　　）。

    A. 作用力与反作用力同时存在

    B. 作用力与反作用力是一对平衡力

    C. 作用力与反作用力作用在同一物体上

4. 力对物体转动效应的正确说法是（　　）。

    A. 力一定能使物体转动（或转动趋势）发生变化

    B. 力可能使物体转动（或转动趋势）发生变化

    C. 力只能使物体发生移动而不能使物体发生转动（或转动趋势）

5. 刚体受三力作用而处于平衡状态，则此三力的作用线（　　）。

    A. 必汇交于一点　　　　　　　　B. 必互相平行

    C. 必都为零　　　　　　　　　　D. 必位于同一平面内

6. 力偶对物体产生的运动效应为（　　）。

    A. 只能使物体转动

    B. 只能使物体移动

    C. 既能使物体转动，又能使物体移动

    D. 它与力对物体产生的运动效应有时相同，有时不同

四、简答题

1. 力的三要素是什么？如何用图示表示？两力相等的条件是什么？

2. 工程上常见的约束有哪几类？如何确定约束力？

五、名词解释

1. 刚体

2. 平衡

3. 力矩和力偶

4. 约束

六、操作题

1. 图 2-1-4 所示为一凸轮机构，试画出推杆的受力图。

2. 图 2-1-5 所示三角支架由杆 AB、AC 铰接而成，在 A 处作用有重力 G，求出图中 AB、AC 所受的力（不计杆自重）。

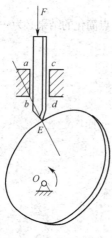

图 2-1-4　凸轮机构

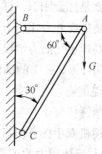

图 2-1-5　三角支架

知识测评参考答案：

一、填空题

1. 作用　运动状态　变形　2. 固定端　3. 大小　垂直距离　4. 大小　方向　作用点　不能　不能　5. 三　三

二、判断题

1. 对　2. 对　3. 对　4. 对　5. 错　6. 错　7. 对　8. 错

三、选择题

1. C　2. C　3. A　4. B　5. A　6. A

四、简答题

1. 答：力的三要素是力的大小、方向和作用点，是矢量。

用一条有向线段表示，线段的长度（按一定比例尺）表示力的大小；线段的方位和箭头表示力的方向；线段的起始点（或终点）表示力的作用点，如图 2-1-6 所示。

两力相等的条件是两力的三要素相同。

2. 答：工程上常见的约束有柔性约束、光滑面约束、光滑铰链约束和固定端约束。

约束反力的作用点是约束与非自由体的接触点，反力的方向总是与该约束所能限制的运动方向相反，约束反力的大小可利用静力学平衡方程求出。

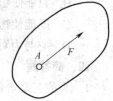

图 2-1-6　力的三要素

五、名词解释

1. 刚体是指在力的作用下不变形的物体，是人们为了简化对物体受力分析的过程而作的一种科学抽象。

2. 如果物体在力的作用下，其运动状态不发生改变则称为平衡，如物体相对于地面保持静止或匀速运动状态，则此时物体处于受力平衡状态。

3. 在力学上以乘积 Fd 作为度量力 F 使物体绕 O 点转动的效果的物理量，称为力 F 对 O 点之矩，简称力矩。

大小相等、方向相反但不共线的两个平行力组成的力系，称为力偶，力偶对刚体的作用效应是使其产生转动。

4. 限制构件运动的其他物体称为约束，如门框对于门、铁轨对于机车等。约束对研究对象的作用实质上就是力的作用，这种力称为约束反力。

六、操作题

1. 答：

（1）取推杆为分离体，找出主动力为 F。

（2）凸轮与推杆在 E 点接触，为光滑接触面约束，故凸轮给推杆的约束反力 R_E 的方向为凸轮曲线上 E 点的法线方向。

（3）推杆在负荷 F 及凸轮法向压力 R_E 的作用下会发生倾斜，因而推杆与滑道在 b、c 点接触，也为光滑接触面约束，滑道给推杆的约束反力垂直于推杆，即为 N_b、N_c 两个力。

（4）推杆的受力图如图 2-1-7 所示。

2. 解：（1）取销钉 A 画受力图如图 2-1-8 所示。AB、AC 杆均为二力杆。

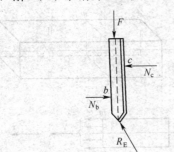

图 2-1-7　推杆的受力图

图 2-1-8　受力图

（2）建直角坐标系，列平衡方程：

$$\sum F_x = 0, \quad -F_{AB} + F_{AC}\cos 60° = 0$$

$$\sum F_y = 0, \quad F_{AC}\sin 60° - G = 0$$

（3）求解未知量。

$$F_{AB} = 0.577G（拉）\qquad F_{AC} = 1.155G（压）$$

第二节　直杆变形分析

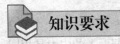

知识要求

知　识　点	要　　求
杆件的 4 种基本变形形式	能理解杆件的 4 种基本变形的变形特点和受力特点
组合变形的概念	能判断杆件的组合变形
内力、应力和应变的概念	会用截面法求内力和应力

知识重点难点精讲

一、变形固体

在静力学部分，研究物体所受外力时，把物体当做不变形的刚体，而实际上真正的刚体并不存在，一般物体在外力作用下，其几何形状和尺寸均要发生变化。为了便于分析和简化计算，常略去变形固体的一些次要性质。为此，对变形固体做以下假设。

1. 均匀连续假设

认为构成变形固体的物质毫无空隙地充满整个几何空间，并且各处具有相同的性质。

2. 各向同性假设

认为材料在各个不同的方向具有相同的力学性能。

二、截面法求内力

将受外力作用的杆件假想地切开来用以显示内力，并以平衡条件来确定其合力的方法，称为截面法。

图 2-2-1 所示为受拉杆件，假设沿截面 $m\text{-}m$ 将杆件切开，分为 I 和 II 两段，取 I 段为研究对象。在 I 段的截面 $m\text{-}m$ 上到处都作用着内力，其合力为 N。N 是 II 段对 I 段的作用力，并与外力相平衡。由于外力 F 的作用线沿杆件轴线，显然，截面 $m\text{-}m$ 上的内力的合力也必然沿杆件轴线。据此，可列出其平衡方程

$$\sum F_X = 0$$

得 $\qquad N - F = 0$

故 $\qquad N = F$

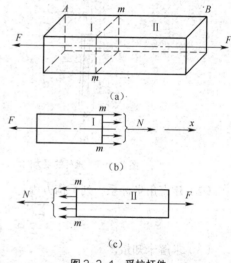

图 2-2-1 受拉杆件

综上所述，求杆件内力的方法——截面法可概述如下。

① 截开。沿欲求内力的截面，假想把杆件分成两部分。

② 代替。取其中一部分为研究对象，画出其受力图。在截面上用内力代替移去部分对留下部分的作用。

③ 平衡。列出平衡方程，确定未知的内力。

三、应力的概念

图 2-2-2 所示两杆在相同的外力 F 作用下，杆 2 首先破坏，而二杆各横截面上的内力是相同的，只是内力在二杆横截面上的聚集程度不一样，这说明杆件的破坏是由内力在截面上的聚集程度决定的。

因此，把单位面积上的内力称为应力，其中垂直于杆横截面的应力称为正应力，用 R 表示；平行于横截面的应力称为切应力，用 τ 表示。

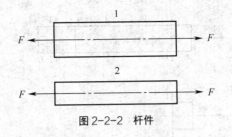

图 2-2-2　杆件

应力的单位：力的单位/面积的单位，$1N/m^2 = 1Pa$（帕）。

 知识拓展

轴力图

杆件受到拉压作用时，其受力方向沿着轴线，因此将轴向内力简称为轴力。

拉伸—拉力，其轴力为正值，方向背离所在截面，如图 2-2-3 所示。

压缩—压力，其轴力为负值，方向指向所在截面，如图 2-2-4 所示。

图 2-2-3　杆件拉伸　　　　　　　　　　图 2-2-4　杆件压缩

轴力图反映出轴力沿截面位置变化的关系，非常直观，能确定出最大轴力及其所在横截面的位置，即确定出危险截面所在位置，并为强度计算提供依据。为了表达轴力大小沿杆件轴线变化的情况，需要绘制轴力图，主要步骤如下。

① 选取坐标系。

② 选择比例尺。

③ 正值的轴力画在 x 轴的上侧，负值的轴力画在 x 轴的下侧。

 例题解析

例 1：一直杆受外力作用如图 2-2-5（a）所示，求此杆各段的轴力并画出轴力图。

分析：根据外力的变化情况，各段轴力各不相同，应分段计算。

解答：（1）AB 段：用截面 1-1 假想将杆截开，取左段研究。设截面上的轴力 N_1 为正方向，受力如图 2-2-5（b）所示。

由平衡条件　　　　　$\sum F_x = 0$　　$N_1 - 6 = 0$

得　　　　　　　　　　　$N_1 = 6kN$

所得结果为正值，表示所设 N_1 的方向与实际方向相同，即 N_1 为拉力。

（2）BC 段：取 2-2 截面左段研究，N_2 设为正向，受力如图 2-2-5（c）所示。

由平衡条件　　　　　$\sum F_x = 0$　　　$N_2 + 10 - 6 = 0$

得　　　　　　　　　　　$N_2 = -4kN$

所得结论为负值，表示所设 N_2 的方向与实际方向相反，即 N_2 为压力。

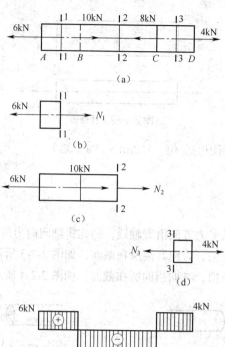

图 2-2-5 受力杆件分析

（3）CD 段：取 3-3 截面右段研究，N_3 亦先设为正，受力如图 2-2-5（d）所示。

由平衡条件 $\qquad \sum F_x = 0 \qquad 4 - N_3 = 0$

得 $\qquad N_3 = 4\text{kN}$

所得结果为正值，表示所设 N_3 的方向与实际方向相同，即 N_3 为拉力。

（4）画轴力图，如图 2-2-5（e）所示。

例 2：截面为圆的阶梯形圆钢杆如图 2-2-6 所示，已知其拉力 $P = 40\text{kN}$，直径 $d_1 = 40\text{mm}$、$d_2 = 20\text{mm}$，试计算各段钢杆横截面上的正应力。

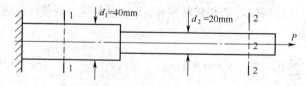

图 2-2-6 阶梯形圆钢杆

分析：可由截面法求出各段杆的内力，然后求应力。

解答：由截面法和平衡条件可知，截面 1-1、2-2 上的应力都等于 P，即 $N_1 = N_2 = 40\text{kN}$，各截面积

$$A_1 = \pi d_1^2 / 4 = (\pi \times 40^2 / 4)\text{mm}^2 = 1\,257\text{mm}^2$$

$$A_2 = \pi d_2^2 / 4 = (\pi \times 20^2 / 4)\text{mm}^2 = 314\text{mm}^2$$

各截面上的正应力为

$$R_1 = N_1 / A_1 = (40 \times 10^3 / 1\,257)\text{MPa} = 31.8\text{MPa}$$

$$R_2 = N_2 / A_2 = (40 \times 10^3 / 314)\text{MPa} = 127.4\text{MPa}$$

 习题解答

1. （略）

2. 图 1：剪切面：销钉的两个截面

　　　挤压面：销钉的圆柱面

　图 2：剪切面：铆钉的中间截面

　　　挤压面：铆钉的圆柱面

　图 3：剪切面：键的中间平面

　　　挤压面：键的两侧面

3. 内力：$F_{AB} = 20\,\text{kN}$　　$F_{BC} = 30\,\text{kN}$　　$F_{CD} = 30\text{kN}$

　应力：$R_{AB} = 40\,\text{MPa}$　$R_{BC} = 60\,\text{MPa}$　$R_{CD} = 150\,\text{MPa}$

 知识测评

一、填空题

1. 杆件变形的基本形式有_____、_____、_____和_____4 种。

2. 吊车起吊重物时，钢丝绳的变形是_____；汽车行驶时，传动轴的变形是_____；教室中大梁的变形是_____；建筑物的立柱受_____变形；铰制孔螺栓连接中的螺杆受_____变形。

3. 通常把应力分解成垂直于截面和切于截面的两个分量，其中垂直于截面的分量称为_____应力，用符号_____表示，切于截面的分量称为_____，用符号_____表示。

4. 剪切的实用计算中，假设了剪应力在剪切面上是_____分布的，若钢板厚为 t，冲床冲头直径为 d，今在钢板上冲出一个直径 d 为的圆孔，其剪切面面积为_____。

5. 用剪子剪断钢丝时，钢丝发生剪切变形的同时还会发生_____变形，挤压面是两构件的接触面，其方位是_____于挤压力的。

二、判断题

1. 若在构件上作用有两个大小相等、方向相反、相互平行的外力，则此构件一定产生剪切变形。（　　　）

2. 杆件两端受到等值、反向和共线的外力作用时，一定产生轴向拉伸或压缩变形。（　　　）

3. 若沿杆件轴线方向作用的外力多于两个，则杆件各段横截面上的内力不相同。（　　　）

4. 一端固定的杆，受轴向外力的作用，不必求出约束反力即可画内力图。（　　　）

5. 杆件发生轴向拉伸或压缩时横截面上的应力一定垂直于横截面。（　　　）

6. 轴向拉伸或压缩杆件横截面上正应力的正负号规定：正应力方向与横截面外法线方向一致为正，相反时为负。（　　　）

7. 用剪刀剪的纸张和用刀切的菜，均受到了剪切破坏。（　　　）

8. 两钢板用螺栓连接后，在螺栓和钢板相互接触的侧面将发生局部承压现象，这种现象称为挤压。当挤压力过大时，可能引起螺栓压扁或钢板孔缘压皱，从而导致连接松动而失效。（　　　）

三、选择题

1. 校核图 2-2-7 所示结构中铆钉的剪切和挤压强度时，剪切面积是（　　　），挤压面积是（　　　）。

    A. $\pi d^2/4$ B. dt C. $2dt$ D. d^2

    E. $3dt$ F. πdt

2. 一钢杆和一铝杆的长度、横截面面积均相同，在受到相同的拉力作用时，铝杆的应力和（　　　）。

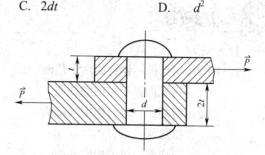

图 2-2-7 铆钉连接

    A. 钢杆的应力相同，但变形小于钢杆

    B. 变形都小于钢杆

    C. 钢杆的应力相同，但变形大于钢杆

    D. 变形都大于钢杆

3. 对钢管进行轴向拉伸试验，有人提出几种变形现象，经验证，正确的变形是（　　　）。

    A. 外径增大，壁厚减小   B. 外径增大，壁厚增大

    C. 外径减小，壁厚增大   D. 外径减小，壁厚减小

四、简答题

1. 杆件变形的基本形式有哪些？试说明各种形式的受力特点和变形特点。

2. 请说明图 2-2-8 所示几种结构中的部件承受哪些变形。

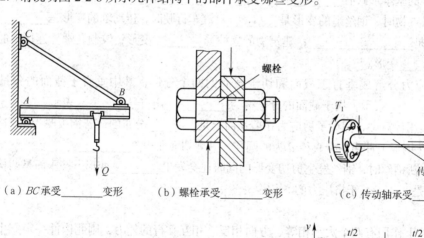

（a）BC 承受_____变形   （b）螺栓承受_____变形   （c）传动轴承受_____变形

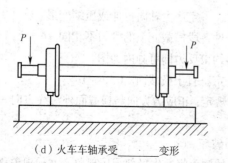

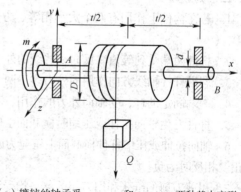

（d）火车车轴承受_____变形   （e）辘轳的轴承受_____和_____两种基本变形

图 2-2-8 几种结构图

五、名词解释

1. 内力和应力

2. 组合变形

六、操作题

拉杆或压杆如图 2-2-9 所示。试用截面法求各杆指定截面的轴力，并画出各杆的轴力图。

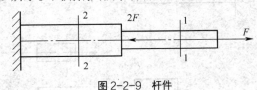

图 2-2-9　杆件

知识测评参考答案：

一、填空题

1. 轴向拉伸和压缩　剪切　扭转　弯曲　2. 轴向拉伸　扭转　弯曲　压缩　剪切和挤压

3. 正　R　切应力　τ　4. 均匀　πdt　5. 挤压　垂直

二、判断题

1. 错　2. 错　3. 对　4. 对　5. 对　6. 对　7. 对　8. 对

三、选择题

1. A F　2. C　3. D

四、简答题

1. 答：杆件变形的基本形式有 4 种：轴向拉伸或压缩、剪切、扭转和弯曲。

轴向拉伸和压缩是由大小相等、方向相反、作用线与杆件轴线重合的一对力引起的，表现为杆件的长度发生伸长或缩短。

剪切是由大小相等、方向相反、相互平行的力引起的，受剪杆件的两部分沿外力作用方向发生相对错动。构件在发生剪切变形的同时，往往伴随有挤压。

扭转是由大小相等、方向相反、作用面垂直于杆件轴线的两个力偶引起的，表现为杆件的任意两个横截面发生绕轴线的相对转动。

弯曲是由垂直于轴线的径向力，或由作用于包含轴的纵向平面内的一对大小相等、方向相反的力偶引起的。变形表现为轴线由直线变为曲线。

2. 答：（a）轴向拉伸（b）剪切和挤压（c）扭转（e）弯曲（e）弯曲　扭转

五、名词解释

1. 杆件在外力作用下产生变形，其内部微粒会因位置改变而产生相互作用力以抵抗外力，这种力称为内力。

构件在外力作用下，单位面积上的内力称为应力。垂直于横截面上的应力称为正应力，用 σ 表示；平行于横截面的应力称为切应力，用 τ 表示。

2. 构件在载荷作用下，如果产生两种或两种以上的基本变形，这种变形称为组合变形。

六、操作题

解：

（1）分段计算轴力。

杆件分为 2 段。用截面法取图示研究对象画受力图如图 2-2-10（a）所示，列平衡方程分别求得

$$F_{N1} = F（拉）; \quad F_{N2} = -F（压）$$

（2）画轴力图。根据所求轴力画出轴力图如图2-2-10（b）所示。

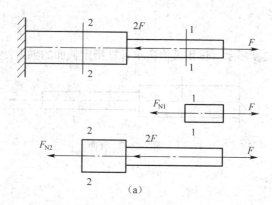

（a）

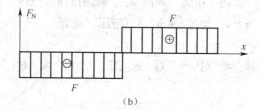

（b）

图2-2-10　受力分析及轴力图

第三节　直杆强度校核

知识要求

知　识　点	要　　求
构件正常工作的基本要求	理解强度、刚度、稳定性的概念
交变应力和疲劳破坏	能说出疲劳破坏的现象及原因
构件在拉伸和压缩时的强度校核	利用强度条件进行三类强度计算
圆轴扭转和梁纯弯曲时横截面上的应力分布规律	了解圆轴扭转和梁弯曲时横截面上的应力分布

知识重点难点精讲

一、材料力学的任务

在设计一个构件时，除了保证构件安全工作外，同时还要考虑经济方面的要求。通常从安全性考虑选择较多或较好的材料；从经济性考虑要求节省材料，尽量降低成本。

材料力学的任务就是为了解决安全性和经济性的矛盾，即研究构件在外力作用下的变形和失效的规律，保证构件在既安全又经济的前提下，选用合适的材料，确定合理的截面形状和尺寸。

二、安全系数的选取

安全系数反映了构件必要的强度储备。取值过大，许用应力过低，造成材料浪费；反之，取值过小，安全得不到保证。

静载时塑性材料一般取 $n = 1.2 \sim 2.5$；

对脆性材料一般取 $n = 2 \sim 3.5$。

塑性材料一般取屈服点 R_{eL} 作为极限应力；

脆性材料取强度极限 R_m 作为极限应力。

三、剪切变形和挤压变形

发生剪切变形的构件，通常除了进行剪切强度计算外，还要进行挤压强度计算。

剪切的强度条件	$\tau = \dfrac{F_S}{A} \leq [\tau]$。其中，$[\tau]$ 为许用剪应力
挤压的强度条件	$\sigma_{jy} = \dfrac{F_{jy}}{A_{jy}} \leq [\sigma_{jy}]$。其中，$[\sigma_{jy}]$ 为许用剪应力

 知识拓展

任务	圆轴扭转的强度计算	直梁弯曲的强度计算
内力	扭矩 M_T，可用截面法求出	弯曲时，梁的横截面上产生两种内力，一个是剪力，另一个是弯矩。当梁发生纯弯曲时，梁任意横截面上的内力只有弯矩而无剪力。可用截面法求出
符号规定	按右手螺旋法则，将扭矩表示为矢量，四指指向表示扭矩的转向，则大拇指指向为扭矩矢量的方向。若矢量的指向离开截面时，扭矩为正，反之为负	梁弯曲成凹面向上时，横截面上的弯矩为正；弯曲成凸面向下时，弯矩为负
内力图	扭矩图 $M_A=1.8\text{kN·m}$ $M_B=3\text{kN·m}$ $M_C=1.2\text{kN·m}$ (a) 1.2kN·m ⊕ 1.8kN·m ⊖ (b)	弯矩图 a F b A C B F_{RA} x F_{RB} L M ⊕ x

任务	圆轴扭转的强度计算	直梁弯曲的强度计算
应力计算	圆轴扭转时的最大切应力为 $\tau_{max} = M_T/W_n$ 式中：M_T ——横截面上的扭矩，单位为 $kN \cdot m$ W_n——抗扭截面系数，单位为 mm^3	最大正应力的计算公式 $R_{max} = M_{max}y_{max}/I_Z$ 式中：R_{max} ——最大正应力，单位为 MPa M_{max}——截面上最大弯矩，单位为 $kN \cdot m$ y_{max}——截面上、下边缘中性轴最远的点到中性轴的距离，单位为 m 或 mm I_z ——截面对中性轴 z 的轴惯性矩，单位为 m^4 或 mm^4
强度条件	危险截面上最大工作剪应力 τ_{max} $\tau_{max} = M_T/W_n \leqslant [\tau]$ 式中：τ_{max}——最大切应力，单位为 MPa $[\tau]$——许用切应力，单位为 MPa	梁的最大正应力 $R_{max} = M_{max}/W_z \leqslant [R]$ 式中：$W_z = I_z/y_{max}$ 称为梁的抗弯截面系数，单位为 mm^3 $[R]$——许用弯曲应力，单位为 MPa

 例题解析

例 1：某悬臂吊车如图 2-3-1（a）所示。最大起重荷载 $G = 20kN$，杆 BC 为 Q235A 圆钢，许用应力 $[\sigma] = 120MPa$。试按图示位置设计 BC 杆的直径 d。

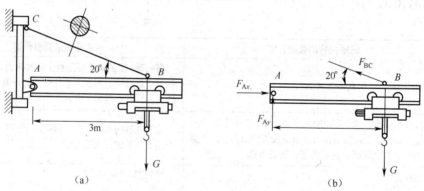

（a）　　　　　　　　　　　　　　　　（b）

图 2-3-1　悬臂吊车

分析：此题是利用轴向拉压杆的强度条件来进行截面尺寸的设计、选择。

解：

（1）求 BC 杆受力。取悬臂 AB 分析受力如图 2-3-1（b）所示，列平衡方程：

$$\sum M_A(F) = 0, \quad F_{BC} \times 3m \times \sin20 - G \times 3m = 0$$

将 $G = 20kN$ 代入方程解得：$F_{BC} = 58.48kN$

（2）设计 BC 杆的直径 d。

$$R = \frac{F_{BC}}{A} = \frac{58.48 \times 10^3 N}{\pi \dfrac{d^2}{4}} \leqslant [R] = 120MPa$$

$$d \geqslant 25mm 取 d = 25mm$$

例2： 矩形截面木拉杆的接头如图 2-3-2 所示。已知轴向拉力 $F = 50$kN，截面宽度 $b = 250$mm，木材的顺纹许用挤压应力$[R_{bs}] = 10$MPa，顺纹许用切应力$[\tau] = 1$MPa。求接头处所需的尺寸 l 和 a。

分析： 此题是利用剪切和挤压的强度条件来进行截面尺寸的设计、选择。

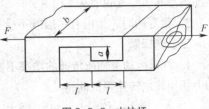

图 2-3-2　木拉杆

解：

（1）按木材的顺纹许用挤压应力强度条件确定尺寸 a。

$$R_{bs} = \frac{F_{bs}}{A_{bs}} = \frac{50 \times 10^3 \text{N}}{250 \times a \text{mm}^2} \leqslant [R_{bs}] = 10\text{MPa} \quad \text{解得：} a \geqslant 0.02\text{m}$$

（2）按木材的顺纹许用切应力强度条件确定尺寸 l。

$$\tau = \frac{F_S}{A} = \frac{50 \times 10^3 \text{N}}{250 \times l \text{mm}^2} \leqslant [\tau] = 1\text{MPa}，\text{解得：} l \geqslant 0.2\text{m}$$

习题解答

1.（略）

2.解：$a \geqslant \sqrt{2}\text{cm}$ 和 $b \geqslant 2\sqrt{2}\text{cm}$

知识测评

一、填空题

1. 为了保证机器或结构正常地工作，要求每个构件都有足够的抵抗破坏的能力，即要求它们有足够的_____；同时要求它们有足够的抵抗变形的能力，即要求它们有足够的_____；另外，对于受压的细长直杆，还要求它们工作时能保持原有的平衡状态，即要求其有足够的_____。

2. 杆件轴向拉伸或压缩时，其横截面上的正应力是_____分布的，若正方形截面的低碳钢直拉杆，其轴向拉力为 3 600N，若许用应力为 100MPa，则此拉杆横截面边长至少应为_____mm。

3. 从观察受扭转圆轴横截面的大小、形状及相互之间的轴向间距不改变这一现象，可以看出轴的横截面上无_____力。位于同一截面上不同点的变形大小与到圆轴轴线的距离有关，横截面上任意点的切应变与该点到圆心的距离成_____，截面边缘上各点的变形为最_____，而圆心的变形为_____；距圆心等距离的各点其切应变必然_____。

4. 一级减速箱中的齿轮直径大小不等，在满足相同的强度条件下，高速齿轮轴的直径要比低速齿轮轴的直径_____。

5. 梁弯曲时，其横截面的_____按直线规律变化，中性轴上各点的正应力等于_____，而距中性轴越_____（填远或者近）正应力越大。以中性层为界，靠_____侧的纵向纤维受压应力作用，而靠_____侧的纵向纤维受拉应力作用。

二、判断题

1. 传递一定功率的传动轴的转速越高，其横截面上所受的扭矩也就越大。（　　　）

2. 受扭杆件横截面上扭矩的大小，不仅与杆件所受外力偶的力偶矩大小有关，而且与杆件横截面的形状、尺寸也有关。（　　）

3. 梁弯曲时，梁内有一层既不受拉又不受压的纵向纤维就是中性层。（　　）

三、选择题

1. 汽车传动主轴所传递的功率不变，当轴的转速降低为原来的二分之一时，轴所受的外力偶的力偶矩较之转速降低前将（　　）。

    A. 增大一倍   B. 增大三倍   C. 减小一半   D. 不改变

2. 梁弯曲时，横截面上离中性轴距离相同的各点处正应力是（　　）的。

    A. 相同   B. 随截面形状的不同而不同

    C. 不相同   D. 有的地方相同，而有的地方不相同

四、简答题

圆轴扭转时横截面上有什么应力，如何分布，最大值在何处？

五、名词解释

1. 强度

2. 交变应力

六、操作题

1. 图 2-3-3 所示正方形截面阶梯状杆件的上段是铝制杆，边长 $a_1 = 20mm$，材料的许用应力 $[\sigma_1] = 80MPa$；下段为钢制杆，边长 $a_2 = 10mm$，材料的许用应力 $[\sigma_2]$ 140MPa。试求许可荷载 $[F]$。

2. 用绳索吊起重物如图 2-3-4 所示。已知 $F = 20kN$，绳索横截面面积 $A = 12.6cm^2$，许用应力 $[\sigma] = 10MPa$。试校核 $\alpha = 45°$ 及 $\alpha = 60°$ 两种情况下绳索的强度。

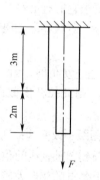

图 2-3-3　阶梯状杆件

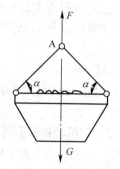

图 2-3-4　用绳索吊起重物

知识测评参考答案：

一、填空题

1. 强度　刚度　稳定性　2. 均匀　6　3. 正应力　正比　大　0　相等　4. 小

5. 正应力　0　远　内　外

二、判断题

1. 错　2. 错　3. 对

三、选择题

1. A 2. A

四、简答题

答：当圆轴在扭转变形时，在横截面上无正应力而只有垂直于半径的切应力。任意点的切应力与该点所在圆周的半径成正比，方向与过该点的半径垂直，最大切应力在半径最大处。

五、名词解释

1. 构件在载荷的作用下对破坏的抵抗能力称为构件的强度。构件正常工作应首先保证有足够的强度。

2. 许多机械零件，如轴、齿轮等在工作过程中各点应力随时间作周期性的变化，这种随时间作周期性变化的应力称为交变应力。

六、操作题

1. **解**：许可荷载[F] 14kN

2. **解**：绳索的受力分析如图 2-3-5 所示。

当 $\alpha = 45°$ 时，$\sigma = 11.22$ MPa $> [\sigma] = 10$MPa，强度不足。

当 $\alpha = 60°$ 时，$\sigma = 9.16$ MPa $< [\sigma] = 10$MPa，强度满足。

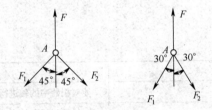

图 2-3-5 受力图

第三章

典型机械零件

第一节　轴

 知识要求

知 识 点	要 求
轴的分类与应用	能对机器中的轴进行正确归类
轴的材料与结构	对轴的材料有基本认识，了解轴的典型结构
*轴的强度计算	了解轴的强度校核概念

 知识重点难点精讲

一、轴的类型

1. 按轴线形状

类 型		外 观 特 征	应 用 举 例
直轴	光轴	圆柱状	活塞杆
	阶台轴	同轴线的各轴段直径大小不同	齿轮轴
曲轴		各轴段的轴线不同轴	发动机曲轴
软轴		轴的轴线可以任意弯曲变化	软轴打磨机驱动轴

2. 按受载不同

类 型	受 力 特 点	应 用 举 例
心轴	只受弯曲作用，不发生扭转	自行车的前轮轴、火车轮轴
转轴	同时承受弯曲和扭转两种作用	减速器轴、自行车的中轴
传动轴	只受扭转而不受弯曲作用或弯曲很小	汽车传动轴

二、轴的材料

总 体 要 求	材料类别	材 料 特 点	牌 号 举 例	应 用 场 合
满足工作条件在强度、刚度、韧性、耐磨性等方面的要求，还要考虑制造的工艺性，力求经济合理	碳素钢	应力集中敏感性差，经热处理后有良好的综合机械性能	Q235、Q275	用于不重要或载荷不大的轴
			45	应用最广
	合金钢	比碳钢具有更好的力学性能和良好的热处理工艺性，多用于高速、重载及要求耐磨、耐高温的特殊场合	40Cr	用于载荷较大、没有很大冲击的重要轴
			20CrMnTi	用于强度和韧性均有较高要求的轴
	球墨铸铁	吸振性好，对应力集中敏感性低，价格低廉	QT400-18、QT600-3	用于外形复杂的曲轴、凸轮轴等

三、轴的结构

要　求	具体结构形式举例	
保证轴上零件位置准确、固定可靠	轴向定位和固定	轴肩
		轴环
		套筒
		圆螺母和止退垫圈
		弹性挡圈
		螺钉锁紧挡圈
		轴端挡圈
		圆锥面和轴端挡圈
	周向定位	销连接
		键连接
		花键连接
		过盈配合连接
		紧定螺钉连接
良好的制造和安装工艺性	阶台轴中间大两头小	
	轴上有螺纹时留退刀槽	
	轴段需磨削时设砂轮越程槽	
	键槽沿轴的同一母线布置	
	轴及轴肩端部加工倒角	
	过盈配合的轴段带有导向锥面	
	中心孔	
降低应力集中，提高疲劳强度	相邻轴段直径不能相差太大	
	尽量避免在轴上开横孔、凹槽和加工螺纹	
	轴径变化处过渡圆角，或采用凹切圆角、过渡肩环、开减载槽	
	过盈配合时，适当增加配合处轴径，或开减载槽	
尺寸合理	轴上直径相近处的圆角、倒角、键槽、退刀槽、越程槽等结构尺寸保持一致	
	轴的各部位直径应符合标准尺寸系列	
	支承轴颈的直径须符合轴承内孔直径系列	
	轴承内圈的高度应大于轴肩或轴环的高度	

知识拓展——轴的强度计算

依 据	适 用 场 合	条 件 公 式	公 式 说 明
按扭转强度计算	1. 传动轴的强度计算 2. 设计时对转轴直径进行估算	$\tau = \dfrac{T}{W_p} = \dfrac{9.55 \times 10^6 \dfrac{P}{n}}{0.2 d^3} \leqslant [\tau]$	τ——轴的扭转切应力（Mpa） T——扭矩（N·mm） W_p——轴的抗扭截面模量（mm³） P——轴传递的功率（kW） n——轴的转速（r/min） d——轴的直径（mm） $[\tau]$——扭转切应力许用值（MPa）
按弯扭合成强度计算	转轴的强度校核（对钢轴按第三强度理论处理）	$R_e = \dfrac{M_e}{W} = \dfrac{\sqrt{M^2 + (\alpha T)^2}}{0.1 d^3} \leqslant [R_{-1}]_b$	R_e——当量应力 M_e——当量弯矩 W——危险截面的截面弯曲系数 M——合成弯矩 α——折合系数，如扭矩不变时 $\alpha = 0.3$ d——轴的直径（mm） $[R_{-1}]_b$——对称循环应力状态下的应力许用值

例题解析

例1：图 3-1-1 所示为一对角接触球轴承支承的轴系，齿轮油润滑，轴承脂润滑，轴端装带轮。根据所提供错误处序号，简要说明错误的内容（倒角、圆角忽略不计）。

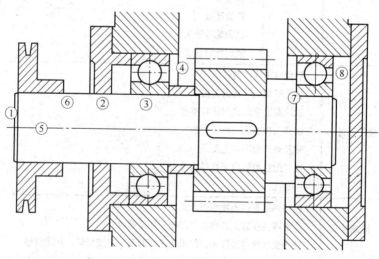

图 3-1-1 轴的结构

分析：本题为轴的结构的具体应用，需要结合轴的结构要求综合分析。

解答：① 采用轴端挡圈，对带轮进行轴向固定，同时轴端应在带轮孔内，不能伸出。

② 端盖的孔径应大于轴的直径，同时加密封圈。

③ 阶梯轴左段轴承安装位置的直径应该与其他部分大小不同，减小带轮安装部位、端盖贯穿部位的轴径，以降低轴的加工难度。

④ 套筒的外形做变化，兼起挡油环作用。

⑤ 加键槽，进行周向固定。

⑥ 设轴肩，对带轮进行轴向定位。

⑦ 加挡油环，同时解决轴环高度大于轴承内圈高度的问题。

⑧ 端盖需对右端轴承外圈作定位。

具体修改如图 3-1-2 所示。

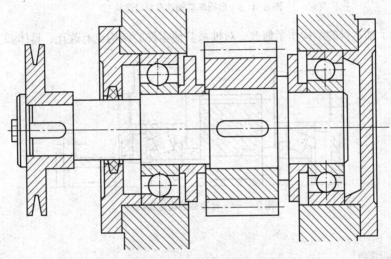

图 3-1-2　修改正确的轴的结构

例 2：已知一传动轴的传递功率为 37kW，转速为 $n = 900$ r/min，如果轴上的扭切应力不允许超过 40MPa，求该轴的直径（按实心轴计算）。

分析：本题需要利用轴的强度计算公式进行反求。因是传动轴，所以按扭转强度计算公式来计算。

解答：根据扭转强度计算公式

$$\tau = \frac{T}{W_\mathrm{p}} = \frac{9.55 \times 10^6 \dfrac{P}{n}}{0.2d^3} \leqslant [\tau]$$

可得

$$d^3 \geqslant \frac{9.55 \times 10^6 \dfrac{P}{n}}{0.2[\tau]}$$

代入数据

$$d^3 \geqslant \frac{9.55 \times 10^6 \times \dfrac{37}{900}}{0.2 \times 40} = 49076$$

得

$$d \geqslant 36.6 \text{ mm}$$

习题解答

1. 答：自行车前轮轴的形状及结构如图 3-1-3 所示。

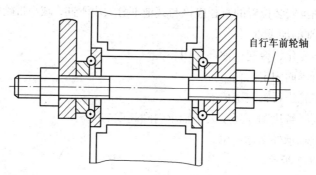

图 3-1-3　自行车前轴的形状及结构

2. 答：除了轴本身的结构作了修改，对轴系其他零件的结构也有改正，具体如图 3-1-4 所示。

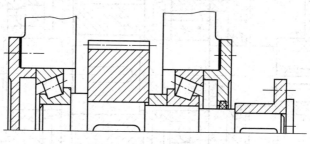

图 3-1-4　修改后的齿轮油泵轴

3.（略）

知识测评

一、填空题

1. 根据轴线形状的不同可将轴分为_____、_____和_____3 类。

2. 按承载性质不同，直轴可分为_____、_____和_____3 类。

3. 按轴外形的不同，直轴可分为_____和_____两类。

4. 轴的常用材料有_____、_____、_____等。

5. 轴上零件需轴向固定的目的是_____。

6. 在无法采用轴套或嫌轴套太长时，轴的中部或端部零件采用_____固定。

7. 为保证圆螺母的定位，常采用_____或_____方法来防松。

8. 用轴端挡圈、轴套、圆螺母作轴向固定时，安装的零件轮毂长度应_____装零件的轴段长度。

9. 采用过盈配合作周向固定，过盈量不大时，采用_____装配，过盈量较大时，采用_____装配。

10. 对传递很小载荷的轴上零件固定时，_____和_____即可同时起到周向固定和轴向固定的作用。

11. 轴上有螺纹的部位应该有_____，需要进行磨削的阶台轴，应该留有_____。

二、判断题

1. 阶梯轴上各截面变化处都应有越程槽。（　　）

2. 轴的直径都要符合标准直径系列，轴颈的直径尺寸也一样，而且与轴承内孔的直径无关。（　　）

3. 用轴肩或轴环可以对轴上零件作轴向固定。（　　）

4. 圆螺母主要用于对轴上零件作周向固定。（　　）

5. 轴肩或轴环的过渡圆角半径应小于轴上零件轮毂的倒角高度。（　　）

6. 按轴的外部形状不同，轴可分为曲轴和直轴。（　　）

7. 心轴在实际应用中都是固定的，如支承滑轮的轴。（　　）

8. 转轴在工作中既承受弯曲作用，又传递转矩，但是不转动。（　　）

9. 只有阶梯轴才有轴肩。（　　）

10. 装在转轴上的齿轮或双联齿轮，都必须作轴向定位并固定。（　　）

11. 支承轴颈的直径尺寸必须符合轴承内孔的直径标准系列。（　　）

12. 工作轴颈上肯定会有键槽。（　　）

13. 使用圆锥销固定轴上的零件，需要和轴肩结合一起才能实现。（　　）

14. 轴端倒角的主要作用是为了减少应力集中。（　　）

15. 在轴与轴上轮毂的固定中，由于过盈配合同时具有轴向和周向固定作用，对中精度高，故在重载和经常拆卸的场合中运用较多。（　　）

16. 过盈配合周向固定是依靠包容件与被包容件间的压力所产生的摩擦力来传递扭矩的。（　　）

17. 轴肩或轴环能对轴上零件起准确的定位作用。（　　）

三、选择题

1. 下列各轴中，（　　）是转轴。
    A. 承受弯曲的轴　　　　　　　　　　B. 承受扭矩的轴
    C. 同时承受弯曲和扭矩的轴　　　　　D. 同时承受弯曲和剪切的轴

2. 后轮驱动的汽车，其前轮的轴是（　　）。
    A. 心轴　　　　　　　B. 转轴　　　　　　　C. 传动轴

3. 自行车的前轮轴属于（　　）。
    A. 心轴　　　　　B. 转动轴　　　　　C. 传动轴　　　　　D. 转轴

4. 车床的主轴属于（　　）。
    A. 心轴　　　　　B. 转轴　　　　　C. 传动轴　　　　　D. 转动轴

5. 自行车大链轮的轴（脚蹬轴，又称为中轴）是（　　）。
    A. 转轴　　　　　　　B. 传动轴　　　　　　C. 心轴

6. 铁路货车的轴是（　　）。
    A. 转轴　　　　　　　B. 心轴　　　　　　　C. 传动轴

7. 下列各轴中，（　　）是心轴。
    A. 承受弯矩的轴　　　　　　　　　　B. 承受扭矩的轴
    C. 同时承受弯矩和扭矩的轴　　　　　D. 同时承受剪切和扭矩的轴

8. 下列各轴中，（　　）是心轴。
    A. 自行车的前轴　　　　　　　　　　B. 自行车的中轴
    C. 减速器中的齿轮轴　　　　　　　　D. 车床的主轴

9. 下列各轴中，（　　）是传动轴。
    A. 带轮轴　　　　　　　　　　　　　B. 蜗杆轴

C. 链轮轴　　　　　　　　　　　　　　D. 汽车下部变速器与后桥间的轴

10. 下列定位措施中，不能对零件进行周向固定的是（　　　）。

　　A. 轴环　　　　　　B. 平键　　　　　　C. 花键

11. 将轴的结构设计成阶梯轴的主要目的是（　　　）。

　　A. 便于轴的加工　　　　　　　　　　　B. 零件装拆方便

　　C. 提高轴的刚度　　　　　　　　　　　D. 为了外形美观

12. 轴上零件的轴向固定方法有：①轴肩和轴环；②圆螺母与止动垫圈；③套筒；④轴端挡圈和圆锥面；⑤弹性挡圈、紧定螺钉或销钉等。当受轴向力较大时，可采用（　　　）方法。

　　A. 2种　　　　　　B. 3种　　　　　　C. 4种　　　　　　　D. 5种

13. 当受轴向力较大，零件与轴承的距离较远，且位置能够调整时，零件的轴向固定采用下述方法中的（　　　）。

　　A. 弹性挡圈　　　　　　　　　　　　　B. 圆螺母与止动垫圈

　　C. 紧定螺钉　　　　　　　　　　　　　D. 套筒

14. 若轴上的零件利用轴肩来轴向固定，轴肩的圆角半径 R 与零件轮毂孔的圆角半径 R_1 或倒角 C_1 的关系应为（　　　）。

　　A. $R < R_1$ 或 $R < C_1$　　　　　　　B. $R > R_1$ 或 $R > C_1$

　　C. $R = R_1$ 或 $R = C_1$　　　　　　　D. R 与 R_1 或 C_1 无关

15. 增大阶梯轴圆角半径的主要目的是（　　　）。

　　A. 使零件的轴向定位可靠　　　　　　　B. 降低应力集中，提高轴的疲劳强度

　　C. 使轴的加工方便　　　　　　　　　　D. 外形美观

16. 最常用来制造轴的材料是（　　　）。

　　A. 20钢　　　　　　B. 45钢　　　　　　C. 20Cr钢　　　　　　　D. 38CrMoAI钢

17. 以下有轴肩和轴环的论述正确的是（　　　）。

　　A. 高度可以任意选取　　　　　　　　　B. 宽度可以任意选取

　　C. 定位可靠但不能承受较大的轴向力　　D. 在阶梯轴截面变化部位

18. 利用轴端挡圈、轴套或圆螺母对轮毂作轴向固定时，必须把安装轴上零件的轴段长度尺寸取得比轮毂的长度（　　　）一些，这才能保证轮毂能靠紧到位。

　　A. 相等　　　　　　B. 略长　　　　　　C. 略短　　　　　　　D. 无需要求

19. 在阶梯轴中间部位上装有一轮毂，工作中承受较大的双向轴向力，对该轮毂应采用（　　　）方法进行轴向固定。

　　A. 弹性挡圈　　　　B. 轴肩与轴套　　　C. 轴肩与圆螺母　　　D. 紧定螺钉

四、名词解释

1. 转轴

2. 传动轴

3. 心轴

五、简答题

轴的合理结构应该满足哪些基本要求？

六、分析题

指出图3-1-5所示轴结构中的错误。

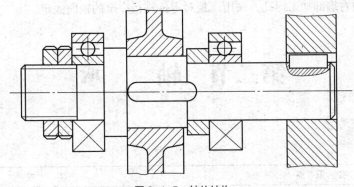

图 3-1-5　轴的结构

知识测评参考答案：

一、填空题

1. 直轴　曲轴　软轴　2. 心轴　传动轴　转轴　3. 光轴　阶梯轴　4. 碳素钢　合金钢　球墨铸铁　5. 防止零件轴向移动　6. 圆螺母　7. 双螺母　加止推垫圈　8. 略大于　9. 压入法　温差法　10. 销连接　紧定螺钉连接　11. 退刀槽　越程槽

二、判断题

1. 错　2. 错　3. 对　4. 错　5. 对　6. 错　7. 错　8. 错　9. 对　10. 错　11. 对　12. 错　13. 错　14. 错　15. 错　16. 对　17. 对

三、选择题

1. C　2. A　3. A　4. B　5. A　6. B　7. A　8. A　9. D　10. A　11. B　12. C　13. B　14. A　15. B　16. B　17. D　18. C　19. C

四、名词解释

1. 工作中同时承受弯矩和扭矩的轴称为转轴。

2. 工作中只承受扭矩的轴称为传动轴。

3. 工作中只承受弯矩的轴称为心轴。

五、简答题

答：（1）满足轴上零件的定位与固定要求；

　　（2）良好的工艺要求；

　　（3）疲劳强度要求；

　　（4）尺寸合理。

六、分析题

答：（1）轴环过高，左端轴承内圈不易拆卸。

　　（2）工作轴颈（齿轮安装部位）的键槽过长。

　　（3）工作轴颈轴段长度应小于齿轮宽度，以便套筒能可靠地实现齿轮的轴向固定。

　　（4）套筒外圈直径过大，应小于右侧轴承内圈外径。

　　（5）右侧轴承缺少轴向定位，可在轴上分段，加工螺纹，用圆螺母实现。

　　（6）右端键槽部位不合理，应与中间部位的键槽安排在轴的同一母线方向上。

　　（7）右端键槽从端部开始加工，选用 C 型平键装配。

　　（8）右端零件缺轴向定位，可减小轴的右端直径加工出轴肩。

（9）轴的右端部加工螺孔，采用压板对零件进行完全的轴向固定。

第二节　轴　承

 知识要求

知　识　点	要　　求
滚动轴承的类型、特点、代号及应用	熟悉滚动轴承的类型、特点、代号及应用
滑动轴承的特点、主要结构和应用	了解滑动轴承的特点、主要结构和应用
滑动轴承的失效形式、常用材料	*了解滑动轴承的失效形式、常用材料
滚动轴承的选择原则	*掌握滚动轴承的选择原则

 知识重点难点精讲

一、轴承分类

按摩擦性质分	按承载性质分类	承 载 特 点
滚动轴承 （工作表面产生滚动摩擦）	向心轴承	主要承受径向载荷
	推力轴承	承受轴向载荷
	向心推力轴承	能同时承受径向载荷与轴向载荷
滑动轴承 （工作表面产生滑动摩擦）	径向滑动轴承	主要承受径向载荷
	止推滑动轴承	承受轴向载荷
	径向止推滑动轴承	能同时承受径向载荷与轴向载荷

二、轴承结构

种　　类		结 构 组 成
滚动轴承		内圈、外圈、滚动体、保持架
滑动轴承	整体式	轴承座、轴套
	剖分式	轴承座、轴承盖、轴瓦、螺栓等

三、轴承失效与材料

　　由于两类轴承的失效形式各有不同，对滚动轴承的滚动体和内、外圈的材料要求是应具有较高的硬度、接触疲劳强度、耐磨性和冲击韧性。对滑动轴承（主要是轴瓦式轴套）材料要求是具有一定的强度，较好的塑性、减摩性和耐磨性，良好的跑合性、加工工艺性、散热性等。

　　轴承的失效形式及常用材料如下所示。

类别	失效形式	常用材料
滚动轴承	疲劳点蚀、塑性变形、磨损、破裂等	滚珠轴承钢：GCr6、GCr9、GCr15、GCr15SiMn
滑动轴承	磨损、胶合、刮伤、腐蚀、疲劳剥落	铸铁：HT150、HT200 铜合金：ZCuSn10Pb1、ZCuSn5Pb5Zn5、ZCuPb30、ZCuAl10Fe3 轴承合金：ZSnSbllCu6、ZPbl6Sb16Cu2 尼龙：尼龙6、尼龙66、尼龙1010

四、滚动轴承代号

1. 滚动轴承代号组成

滚动轴承代号由前置代号、基本代号和后置代号3部分组成，用字母和数字表示，其排列顺序如下表所示。

轴承代号的排列顺序（GB/T272—1993）											
示例	KIW 51108										
分段	前置代号	基本代号				后置代号					
符号意义	成套轴承分部件	类型代号	尺寸系列代号 宽度系列 / 直径系列		内径代号	内部结构	密封与防尘结构代号	保持架及其材料	轴承材料	公差等级	游隙	配置	其他

示例说明：前置代号"KIW"表示"无座圈推力轴承"；基本代号"51108"，其中"5"为类型代号，表示推力球轴承、"11"为尺寸系列代号，其宽度系列代号和直径系列代号均为"1"、"08"为内径代号，表示该轴承的内径为40mm。

2. 滚动轴承的基本代号

（1）类型代号

代 号	轴 承 类 型	代 号	轴 承 类 型
0	双列角接触球轴承	6	深沟球轴承
1	调心球轴承	7	角接触球轴承
2	调心滚子轴承和推力调心滚子轴承	8	推力圆柱滚子轴承
3	圆锥滚子轴承	N	圆柱滚子轴承（双列或多列用NN表示）
4	双列深沟球轴承	U	外球面球轴承
5	推力球轴承	QJ	四点接触球轴承

（2）尺寸系列代号

直径系列代号	向心轴承								推力轴承			
	宽度系列代号								高度系列代号			
	8	0	1	2	3	4	5	6	7	9	1	2
	尺寸系列代号											
7	—	—	17	—	37	—	—	—	—	—	—	—
8	—	08	18	28	38	48	58	68	—	—	—	—

直径系列代号	向心轴承								推力轴承			
	宽度系列代号								高度系列代号			
	8	0	1	2	3	4	5	6	7	9	1	2
	尺寸系列代号											
9	—	09	19	29	39	49	59	69	—	—	—	—
0	—	00	10	20	30	40	50	60	70	90	10	
1	—	01	11	21	31	41	41	61	71	91	11	
2	82	02	12	22	32	42	52	62	72	92	12	22
3	83	03	13	23	33	—	—	—	73	93	13	23
4		04		24					74	94	14	24
5	—	—	—	—	—	—	—	—	—	95	—	—

（3）内径代号

轴承公称内径（mm）	内径代号	示 例
10 到 17 10	00	深沟球轴承：6200（$d=10mm$）
12	01	
15	02	
17	03	
20 到 480（22、28、32 除外）	公称内径除以 5 的商数，商数为个位数，需在商数左边加"0"，如 08	调心滚子轴承：23208（$d=40mm$）
≥500，以及 22、28、32	用公称内径毫米数直接表示，与尺寸系列代号之间用"/"隔开	调心滚子轴承：230/500（$d=500mm$） 深沟球轴承：62/22（$d=22mm$）

 知识拓展 —— **滚动轴承的选择原则**

参考因素		原 则
载荷条件	载荷大小	载荷较大：选用滚子轴承
		载荷较小、平稳：选用球轴承
	载荷方向	纯轴向载荷：选用推力轴承
		纯径向载荷：常选向心轴承
		轴向载荷与径向载荷同时存在：
		（1）一般情形：选用向心球轴承、向心推力轴承
		（2）轴向载荷较大时：选用接触角较大的角接触球轴承或大锥角的圆锥滚子轴承
		（3）轴向载荷很大时：选用推力轴承与向心轴承的组合
	载荷性质	冲击：选用滚子轴承
转速条件		高速轻载：选用超轻、特轻或轻系列球轴承
		低速重载：选用重和特重系列滚子轴承
调心性能		在支点跨距大或者难以保证两轴孔的同轴度时：成对选用调心轴承
装拆要求		为便于轴承的装拆以及调整轴承间隙，常选用外圈可分离的轴承或者带紧定套的圆锥孔调心轴承
经济性		在能满足使用要求的前提下，尽可能选择普通结构的球轴承，尽量选择低精度的轴承，以节省成本

 例题解析

例：分别说明滚动轴承代号分别为 51316，N316/P6，30306，6306/P5，30206，7206AC 所代表轴承的类型、内径、尺寸系列、公差等级和结构特点，并指出：

（1）径向承载能力最高和最低的轴承；

（2）轴向承载能力最高和最低的轴承；

（3）极限转速最高和最低的轴承；

（4）公差等级最高的轴承；

（5）承受轴向径向联合载荷的能力最高的轴承。

分析：本题需要对滚动轴承的代号有详细了解。

解答：各轴承的类型、内径、尺寸系列、公差等级和结构特点如下所示。

	51316	N316/P6	30306	6306/P5	30206	7206AC
轴承类型	推力球	圆柱滚子	圆锥滚子	深沟球	圆锥滚子	角接触球
内径 d	80mm	80mm	30mm	30mm	30mm	30mm
尺寸系列	13	03	03	03	02	02
公差等级	0 级	6 级	0 级	5 级	0 级	0 级
结构特点	正常结构	正常结构	正常结构	正常结构	正常结构	接触角 25°

（1）径向承载能力最高的轴承是 N316/P6，径向承载能力最低的轴承是 51316。

（2）轴向承载能力最高的轴承是 51316，轴向承载能力最低的轴承是 N316/P6。

（3）极限转速最高的轴承是 7206AC，极限转速最低的轴承是 51316。

（4）公差等级最高的轴承是 6306/P5。

（5）承受轴向径向联合载荷的能力最高的轴承是 30306。

 习题解答

1. 答：滚动轴承滚动体的形式多种多样，有球体、短圆柱滚子、长圆柱滚子、球面滚子、螺旋滚子、圆锥滚子、滚针等形状。

2. 答：自行车前轴所用的轴承虽然也是球轴承，但其内、外圈形状不同于书中介绍的，内圈通过螺纹结构旋合在前轴上，内、外圈可以分离，轴承间隙可调，如图 3-2-1 所示。

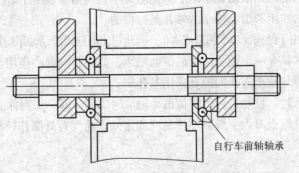

自行车前轴轴承

图 3-2-1　自行车前轴所用轴承

3.（略）。

 知识测评

一、填空题

1. 根据轴承工作时轴颈处摩擦性质的不同，轴承可分为＿＿＿＿和＿＿＿＿。

2. 滑动轴承按承受载荷的方向分为＿＿＿＿、＿＿＿＿和＿＿＿＿。

3. 常用的轴瓦材料有＿＿＿＿、＿＿＿＿和＿＿＿＿。

4. 轴瓦两端凸缘用以限制＿＿＿＿，定位销限制＿＿＿＿。

5. 典型的滚动轴承是由＿＿＿＿、＿＿＿＿、＿＿＿＿和＿＿＿＿组成的。

6. 滚动轴承内圈与轴颈的配合采用＿＿＿＿；轴承外圈与座孔的配合采用＿＿＿＿。

7. 滚动轴承的周向紧固是通过选用不同种类的＿＿＿＿来实现的。

8. 某轴承代号30200，则轴承内径为＿＿＿＿mm。

9. 滚动轴承和滑动轴承都可支承转动零件，两者最大的不同是＿＿＿＿。

10. 轴承合金一般用作轴承衬的主要原因是＿＿＿＿。

11. 向心轴承主要承受＿＿＿＿载荷，推力轴承主要承受＿＿＿＿载荷；向心推力轴承主要承受＿＿＿＿载荷。

12. 整体式滑动轴承主要由＿＿＿＿和＿＿＿＿组成。

二、判断题

1. 滑动轴承的摩擦阻力一定比滚动轴承的大。（　　　）

2. 推力滚动轴承主要承受径向载荷。（　　　）

3. 考虑经济性，只要满足使用的基本要求，应选用普通球轴承。（　　　）

4. 轴承安装时通常不对内圈进行轴向固定。（　　　）

5. 为保证滑动轴承工作时润滑良好，油孔和油沟应设在轴瓦的承载区。（　　　）

6. 对开式滑动轴承磨损后，可通过取出一些调整垫片，以保持所需工作间隙。（　　　）

7. 为提高滑动轴承的承载能力，可采用在轴瓦上浇注轴承衬的方法。（　　　）

8. 轴瓦材料主要起减摩作用及耐磨作用。（　　　）

9. 向心滑动轴承可以承受轴向载荷。（　　　）

10. 轴瓦与轴承座之间，不允许有相对移动。（　　　）

11. 向心滚动轴承能否承受一定的轴向载荷，取决于轴承内部结构和滚动体的形状。（　　　）

12. 滑动轴承必须润滑，而滚动轴承由于摩擦阻力小就不需要润滑了。（　　　）

13. 滚动轴承内圈的作用和滑动轴承的轴瓦是一样的。（　　　）

14. 整体式滑动轴承由于结构简单、制造成本低，因此它比剖分式滑动轴承应用得更为广泛。（　　　）

15. 在轴的一端安装具有一定调心性能的滚动轴承，就能起到调心作用。（　　　）

16. 滚动轴承的外圈与轴承座孔的配合采用基孔制。（　　　）

17. 在选择滚动轴承时，只要告诉售货员滚动轴承的代号，即可买到你所需的轴承。（　　　）

18. 滚动轴承在安装时，对内、外圈除作轴向固定外，还要对外圈作较松的周向固定，对内圈作较紧的周向固定。（　　　）

三、选择题

1. 双列调心轴承是下列中的（　　　）。

    A. 20000   B. 36000   C. 60000   D. 51000

2. 在"载荷小而平稳,仅承受径向载荷,转速高"的工作条件下,应选用(　　　)。

    A. 向心球轴承　　　　　　　　　　　　B. 圆锥滚子轴承

    C. 向心球面球轴承　　　　　　　　　　D. 向心短圆柱滚子轴承

3. 为了便于拆卸滚动轴承,轴肩处的直径 D (或轴环直径)与滚动轴承内圈外径 D_1 应保持(　　　)。

    A. $D > D_1$　　　　　　B. $D < D_1$　　　　　　C. $D = D_1$　　　　　　D. 二者无关

4. 滚动轴承的外圈与机架内孔的正确配合是(　　　)。

    A. 基孔制间隙配合　　　　　　　　　　B. 基孔制过渡配合

    C. 基轴制间隙配合　　　　　　　　　　D. 基轴制过渡配合

5. 滚动轴承的内圈与轴颈的正确配合是(　　　)。

    A. 基孔制间隙配合　　　　　　　　　　B. 基孔制过渡配合

    C. 基轴制间隙配合　　　　　　　　　　D. 基轴制过渡配合

6. 在滚动轴承中,以下各零件无须采用含铬的合金钢为材料的是(　　　)。

    A. 内圈　　　　　　　B. 外圈　　　　　　　C. 滚动体　　　　　　D. 保持架

7. 在下列 4 种型号的滚动轴承中,只能承受径向载荷的是(　　　)。

    A. 6208　　　　　　　B. N208　　　　　　　C. 30208　　　　　　　D. 51208

8. 某转轴采用一对滚动轴承支承,其承受载荷为径向力和较大的轴向力,并且有冲击,振动较大,因此宜选择(　　　)。

    A. 深沟球轴承　　　　B. 角接触球轴承　　　C. 圆锥滚子轴承

9. 从经济性考虑,在同时满足使用要求时,应优先选用(　　　)。

    A. 深沟球轴承　　　　B. 圆柱滚子轴承　　　C. 圆锥滚子轴承

10. 径向滑动轴承的主要结构形式有 3 种,其中(　　　)滑动轴承应用最广。

    A. 整体式　　　　　　B. 剖分式　　　　　　C. 调心式

11. 只能承受径向载荷而不能承受轴向载荷的滚动轴承是(　　　)。

    A. 深沟球轴承　　　　B. 角接触球轴承　　　C. 圆柱滚子轴承　　　D. 推力球轴承

12. 只能承受轴向载荷而不能承受径向载荷的滚动轴承是(　　　)。

    A. 深沟球轴承　　　　B. 推力球轴承　　　　C. 调心球轴承

13. 为适应不同承载能力的需要,规定了滚动轴承不同的直径系列,不同系列的轴承区别在于(　　　)。

    A. 在外径相同时,内径大小不同　　　　B. 在内径相同时,外径大小不同

    C. 在直径相同时,滚动体大小不同　　　　D. 在直径相同时,滚动体数目不同

14. 不宜用来同时承受径向载荷与轴向载荷的轴承是(　　　)。

    A. 圆锥滚子轴承　　　B. 角接触球轴承　　　C. 深沟球轴承　　　　D. 圆柱滚子轴承

15. 代号为 7310 的单列圆锥滚子轴承的内径为(　　　)mm。

    A. 10　　　　　　　　B. 100　　　　　　　C. 50

    D. 310　　　　　　　E. 155

16. 深沟球轴承、圆锥滚子轴承、圆柱滚子轴承和角接触球轴承的类型代号分别是(　　　)。

    A. 1、2、7、6　　　B. 0、7、2、6　　　C. 0、2、1、7　　　D. 6、3、N、7

17. 下列 4 种轴承中,(　　　)必须成对使用。

    A. 深沟球轴承　　　　B. 调心球轴承　　　　C. 推力球轴承　　　　D. 圆柱滚子轴承

18. 跨距较大并承受较大径向负荷的起重机卷筒轴轴承应选用（　　　）。

    A. 深沟球轴承　　　　B. 圆柱滚子轴承　　　C. 调心滚子轴承　　　D. 圆锥滚子轴承

19. （　　　）不是滚动轴承预紧的目的。

    A. 增大支承刚度　　B. 提高旋转精度　　　C. 减小振动与噪声　　D. 降低摩擦阻力

20. （　　　）具有良好的调心作用。

    A. 深沟球轴承　　　　B. 调心滚子轴承　　　C. 推力球轴承　　　　D. 圆柱滚子轴承

21. 同一根轴的两端支承，虽然承受载荷不等，但常采用一对同型号的滚动轴承，这是因为除（　　　）以外的其他 3 条理由。

    A. 采购同类型号的一对轴承比较方便

    B. 安装轴承的两轴径直径相同，加工方便

    C. 两轴承孔内径相同，加工方便

    D. 一次镗出的两轴承孔中心线能与轴颈中心线重合，有利于轴承正常工作

四、名词解释

1. 滑动轴承

2. 滚动轴承

五、简答题

1. 滚动轴承有哪些优点？

2. 解释下列轴承基本代号的意义：61208、32210、1206、51312、719/32、N316。

3. 选用滚动轴承时应考虑哪些因素？

4. 对轴瓦材料总的要求如何？

六、分析题

如图 3-2-2 所示，根据工作要求该轴上选用了一对 6212 轴承，从承载情况并结合轴上结构作进一步的分析。

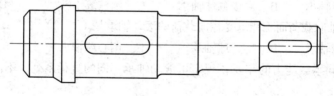

图 3-2-2　轴

（1）该对轴承为（　　　）。

    A. 深沟球轴承　　　　　　　　　　　B. 角接触球轴承

    C. 推力球轴承　　　　　　　　　　　D. 以上都不对

（2）该轴支承轴颈处的直径为（　　　）。

    A. 12mm　　　　　B. 212mm　　　　　C. 60mm　　　　　D. 120mm

（3）该轴属于（　　　）。

    A. 转轴　　　　　　B. 心轴　　　　　C. 传动轴　　　　　D. 转动轴

（4）轴承装配在轴上，二者的配合类型为（　　　）。

    A. 基孔制间隙配合　　　　　　　　　B. 基孔制过渡配合

    C. 基轴制间隙配合　　　　　　　　　D. 基轴制过渡配合

（5）右侧键处安装联轴器，该键选用了（　　）普通平键。

　　A. 单圆头　　　　　B. 平头　　　　　　　C. 双圆头　　　　　　D. A 或 C

知识测评参考答案

一、填空题

1. 滚动轴承　滑动轴承

2. 径向轴承　止推轴承　径向—止推轴承

3. 轴承合金　铸铁　青铜

4. 轴瓦的轴向窜动　周向移动

5. 内圈　外圈　保持架　滚动体

6. 基孔制　基轴制

7. 配合

8. 10

9. 工作面间的摩擦性质

10. 良好的减摩性和耐磨性

11. 径向　轴向　径向和轴向

12. 轴承座　轴套

二、判断题

1. 错　2. 错　3. 对　4. 错　5. 错　6. 对　7. 对　8. 对　9. 错　10. 对　11. 对　12. 错　13. 错　14. 错　15. 错　16. 错　17. 对　18. 对

三、选择题

1. A　2. A　3. B　4. C　5. B　6. D　7. B　8. C　9. A　10. B　11. C　12. B　13. B　14. D　15. C　16. D　17. B　18. C　19. D　20. B　21. A

四、名词解释

1. 两工作面之间摩擦性质为滑动摩擦的轴承称为滑动轴承。

2. 两工作面之间摩擦性质为滚动摩擦的轴承称为滚动轴承。

五、简答题

1. 答：（1）摩擦阻力小，功率消耗小，效率高，易启动。

（2）内部间隙小，回转精度高，工作稳定，可以通过预紧来提高刚度。

（3）润滑简便，易于维护和密封。

（4）结构紧凑，重量轻，轴向尺寸小于同轴颈尺寸的滑动轴承

（5）尺寸标准化，互换性好，便于安装拆卸，维修方便

2. 答：

	类　　型	宽度系列代号	直径系列代号	内径（mm）
61208	深沟球轴承	1	2	40
32210	圆锥滚子轴承	2	2	50
1206	调心球轴承	0	2	30
51312	推力球轴承	1	3	60
719/32	角接触球轴承	1	9	32
N316	圆柱滚子轴承	0	3	80

3. 答：选用滚动轴承时应考虑的因素有：①载荷条件；②转速条件；③调心性能；④装拆要求；⑤经济性。

4. 答：由于轴瓦与轴颈直接接触并产生相对运动，其主要失效形式是磨损、胶合、刮伤、腐蚀、疲劳剥落等。因此，要求轴瓦材料应具有一定的强度，较好的塑性、减摩性和耐磨性，良好的跑合性、加工工艺性、散热性等。

六、分析题

答：（1）A　（2）C　（3）A　（4）B　（5）C

第三节　键　与　销

 知识要求

知　识　点	要　求
连接的类型与应用	了解连接的类型与应用
键连接的功用与分类	了解键连接的功用与分类
花键连接的类型、特点和应用	了解花键连接的类型、特点和应用
平键连接的结构与标准	理解平键连接的结构与标准
选用普通平键连接	* 能正确选用普通平键连接
销连接的类型、特点和应用	了解销连接的类型、特点和应用

 知识重点难点精讲

一、键连接与销连接

连接类型	连接元件		特　点	应　用
键连接	平键	普通平键 A型 B型 C型	平键的两侧面是工作面，与键槽配合，工作时靠键与槽侧面互相挤压传递扭矩。平键连接结构简单，工作可靠，装拆方便，对中性好，但不能实现轴上零件的轴向固定	轴与轮毂之间的静连接
		导向平键 A型 B型	长度较长，与键槽配合较松，安装时用螺钉将其固定在轴上的键槽中，方便拆卸，在导向平键中部设有起键用螺孔	轴与轮毂之间轴向移动距离较小的动连接
	半圆键		键的两侧面是工作面。半圆键能在键槽中摆动，以适应槽底面的倾斜。定心性好，装配方便，但键槽较深，对轴的强度削弱较大	轻载荷和锥形轴端的静连接
	楔键	普通楔键 A型 B型 C型 钩头楔键	楔键的上下表面为工作面，上表面相对下表面1:100的斜度，轮毂槽底面也有1:100的斜度。楔键连接能使轴上零件轴向固定，并能使零件承受单方向的轴向力。键的侧面为非工作面，对中性差，在冲击和变载荷作用下容易松脱	精度要求不高，低速、轻载，承受单向轴向载荷的场合

连接类型	连接元件		特　点	应　用
	切向键		由一对楔键组成，其上下两个相互平行的窄面为工作面，一对切向键只能传递单向扭矩。切向键承载能力很大，但对中性差，键槽对轴的削弱较大	精度要求不高，载荷很大，转速较低，轴径较大的场合
	花键	矩形花键	矩形花键有 3 种定心方式，即小径定心、大径定心、齿侧定心，加工方便，定心精度高	广泛应用
		渐开线花键	花键齿形为渐开线（齿形角30°），齿根较厚，与齿轮加工工艺相同，通常采取齿侧定心的方式，也可采取大径定心	用于载荷较大、定心精度要求较高、尺寸较大的连接
		三角形花键	三角形花键的外花键为渐开线齿形（齿形角 45°），内花键为直线齿形，键齿细小，承载能力小	轻载荷、直径较小或薄壁零件与轴的连接
销连接	圆柱销		利用微量的过盈装配在铰制的销孔中，如果多次装拆，就会松动，影响定位精度和连接的可靠性	多用于连接销，也可用于不经常装拆的定位连销
	圆锥销		具有 1:50 的锥度，使连接具有可靠的自锁性，且可以在同一销孔中多次装拆而不影响定位精度。用于定位时一般不承受载荷或受很小载荷。	多作定位销

花键（第2、3、4栏合并说明）：可承受较大的载荷，轴上零件与轴的对中性好，导向性好

销连接元件说明：用来确定零件之间的相对位置、传递动力和转矩，还可用于安全装置中的过载元件

二、平键连接的结构与标准

形式	A 型平键连接	B 型平键连接	C 型平键连接
示意图	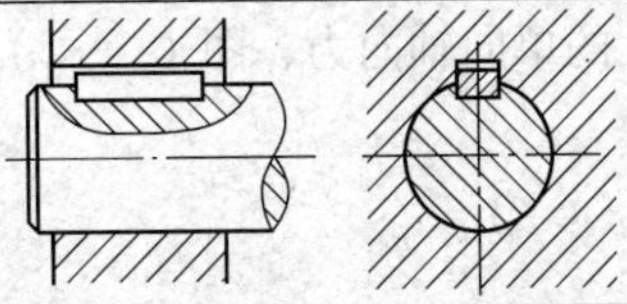	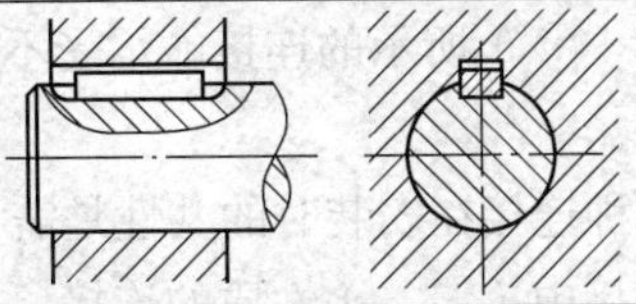	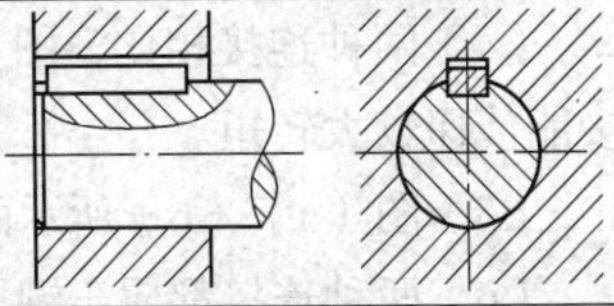
键标记示例	键 16×100 GB/T1096—2003	键 B16×100 GB/T1096—2003	键 C16×100 GB/T1096—2003
键尺寸	$b×h×L=16×10×100$	$b×h×L=16×10×100$	$b×h×L=16×10×100$

知识拓展

1. 平键连接的配合种类与应用范围

配 合 种 类	宽度 b 的公差			应 用 范 围
	键	轴上键槽	轮毂键槽	
松连接		H9	D10	主要用于导向平键
正常连接	h8	N9	JS9	用于传递不大的载荷，在一般机械制造中应用广泛
紧密连接		P9		用于传递重载荷、冲击载荷以及双向传递转矩的场合

2. 平键的选用

在 GB/T1095～1096—2003 颁布之前，主要是根据轴的直径，从标准中选定键的剖面尺寸 $b×h$，键的长度 L 应略小于（或等于）轮毂长度，并符合标准系列，然后按挤压强度进行校核。在最新国标 GB/T1095～1096—2003 中，取消了轴径一栏，键的选用首先应确定键的长度 L（应略小于或等于轮毂长度，并符合标准系列），按照连接件中较弱材料的许用强度，根据校核公式计算键高，然后查表确定键宽。

 例题解析

例1：分析图 3-3-1 所示的键连接，回答下列问题。

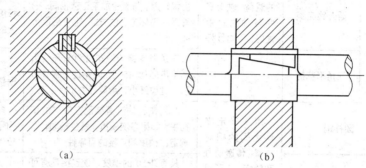

（a）　　　　　　　　　　　　　（b）

图 3-3-1　键连接

（1）图（a）采用（　　）键连接，键的上表面具有（　　）斜度，轮毂槽底面的斜度为（　　）。

（2）图（b）采用（　　）键连接，此键布置在轴的（　　）方向上，只能传递（　　）个方向的转矩。

（3）图（a）、（b）中键的工作面均为（　　），而键的两侧面为（　　），所以连接的（　　）性差，只能用于速度（　　）的场合。

（4）两种连接相比，图（　　）所示的连接能承受不大的单向轴向力，图（　　）所示的连接能传递较大转矩。

（5）图（a）、（b）所示两种连接在安装时的共性是需（　　）。

（6）两种连接都属于键连接中（　　）性质的连接。

（7）图（a）、（b）连接（　　）用于冲击、变载场合，因其工作中会产生（　　）现象，使连接失效。

分析：本题为键连接的综合应用与分析，注意各种键连接之间的区别与对比。

解答：

（1）楔　1:100　1:100

（2）切向　切线　单

（3）上、下面　非工作面　对中　较低

（4）a　b

（5）打入

（6）紧键

（7）不能　松脱

例2：图 3-3-2 所示为减速器的输出轴与齿轮的普通平键连接，齿轮轮毂的长度 B = 110mm，输出轴在轮毂处的直径 d = 80mm。试选用一般键连接。

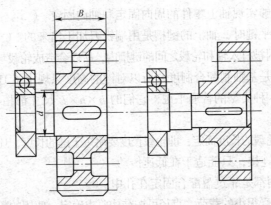

图 3-3-2 平键连接

分析：本题需要了解键连接的选用方法与步骤，并会查表。因题中没有给出材料的许用强度，仍按轴径大小来选取。

解答：选择正常连接，A 型平键。按 $d=80$mm 查表，选择 $b \times h= 22 \times 14$，键长 L 取 100。平键的尺寸及公差为：肩宽 $b=22$ h8$\left(_{-0.033}^{0}\right)$，键高 $h=14$h11$\left(_{-0.11}^{0}\right)$，键长 $L=100$H14$\left(_{-0.87}^{0}\right)$。键标记为键 22×100 GB/T1096—2003

 ## 习题解答

1.（略）

2. 答：考虑到键连接需在轴和轮毂上开键槽，对它们的强度有削弱。一般会根据轴的直径确定平键的截面尺寸，然后根据强度计算出平键的长度，再结合轮毂长度选取合适的公称长度。

3. 答：键连接主要出于传递动力和转矩，而销连接多用于定位，用于连接的话不能传递较大的动力，因为销连接需要在轴上穿孔，销的直径越大意味着对轴的强度削弱也大，而键连接可以通过增加键的长度、或者采取对称布置的形式来满足实际要求，使用灵活。

 ## 知识测评

一、填空题

1. 切向键连接是由一对具有单面斜度为_____的_____键组成，它的非工作面为相互平行的_____。

2. 普通平键连接中应用最广的是_____型平键。

3. 某平键标记为"键 18×70 GB/Tl096—2003"，则该键的有效工作长度为_____mm。

4. 键连接中能承受一定单向轴向力的是_____连接。

5. 花键连接具有较好的_____性和_____性，因而常用于_____齿轮与轴的连接。

6. 圆锥销因具有_____，因而具有高定位精度。

7. 平键连接的 3 种形式，其配合制度是_____；3 种形式配合的松紧程度是调节公差带位置实现的。

二、判断题

1. 键连接不能承受轴向力。（   ）

2. 带斜度的键，其斜面就是工作面。（   ）

3. 普通平键连接能够实现轴上零件的周向固定和轴向固定。（　　　）

4. 当采用平头普通平键时，轴上的键槽是用端铣刀加工出来的。（　　　）

5. 由于楔键在装配时被打入轴和轮毂之间的键槽内，所以会造成轮毂与轴的偏心与偏斜。（　　　）

6. 平键连接采用的是基轴制配合制度，所以对键的高度只规定了 H9 一种公差。（　　　）

7. 如果 A、B、C 3 种类型的普通平键，它们的 $b \times h \times L$ 尺寸都相等，则工作中挤压面积最大的应属 A 型。（　　　）

8. 键的长度一般按轮毂的长度而定，即轮毂长度要略短于键的长度，还要符合标准系列。（　　　）

9. 对中性差的紧键连接，只能适于在低速传动。（　　　）

10. 圆锥销和圆柱销都是靠过盈配合固定在孔中。（　　　）

11. 定位销一般能承受很小的载荷，直径可按结构要求确定，使用的数目不得多于两个。（　　　）

12. 圆柱销是靠微量过盈固定在销孔中的，经常拆装也不会降低定位的精度和连接的可靠性。（　　　）

13. 半圆键连接，由于轴上的键槽较深，故对轴的强度削弱较大。（　　　）

三、选择题

1. 下列定位措施中不能对零件进行轴向固定的是（　　　）。

　　A. 轴环　　　　　　B. 轴肩　　　　　　C. 平键　　　　　　D. 套筒

2. 平键连接工作时由（　　　）传递功率。

　　A. 侧面　　　　　　B. 底面　　　　　　C. 顶面

3. 下列键连接中能构成松键连接的是（　　　）。

　　A. 楔键和半圆键　　　　　　　　　　B. 平键和半圆键

　　C. 半圆键和切向键　　　　　　　　　D. 楔键和切向键

4. 设计普通平键连接时，键的剖面尺寸通常根据（　　　）来选择。

　　A. 传递转矩的大小　　　　　　　　　B. 传递功率的大小

　　C. 轮毂的长度　　　　　　　　　　　D. 轴的直径

5. 普通平键的长度根据（　　　）选择。

　　A. 传递功率的大小　　　　　　　　　B. 传递转矩的大小

　　C. 轮毂的长度　　　　　　　　　　　D. 轴的直径

6. 下列选项中，（　　　）不是花键的特点。

　　A. 承载能力大　　　　　　　　　　　B. 对中性好、导向好

　　C. 成本高　　　　　　　　　　　　　D. 能承受轴向分力

7. 楔键连接存在的主要缺点是（　　　）。

　　A. 轴与轴上零件产生偏心　　　　　　B. 键的斜面难于加工

　　C. 键在安装时易破坏　　　　　　　　D. 装配时产生初应力

8. 采用楔链连接时，楔键的工作面为（　　　）。

　　A. 上、下两面　　B. 两侧面　　　　C. 上或下面　　　　D. 一侧面

9. 平键标记"键 C22 × 110 GB/T1096 – 2003"中，22 × 110 表示（　　　）。

　　A. 键宽 × 键长　　B. 键宽 × 轴径　　C. 键宽 × 键高　　D. 键高 × 键长

10. 下列键连接中，属于紧键连接的是（　　　）。

　　A. 平键　　　　　　B. 半圆键　　　　C. 楔键　　　　　　D. 花键

11. 滑移齿轮与轴之间的连接，应当选用（　　　）。

　　A. 较松键连接　　　　B. 较紧键连接　　　　　　C. 一般键连接　　　　　　D. A 或 C

12. 锥形轴与轮毂的键连接宜用（　　　）。

　　A. 楔键连接　　　　　B. 平键连接　　　　　　　C. 花键连接　　　　　　　D. 半圆键连接

13. （　　　）连接由于结构简单、装拆方便、对中性好，因此广泛用于高速高精密的传动中。

　　A. 普通平键　　　　　B. 普通楔键　　　　　　　C. 钩头楔键　　　　　　　D. 切向键

14. 楔键连接对轴上零件能作周向固定，且（　　　）。

　　A. 不能承受轴向力　　　　　　　　　　　　B. 能够承受单方向轴向力

　　C. 能够承受轴向力　　　　　　　　　　　　D. 以上答案都不对

15. 根据平键的（　　　）不同，分为 A 型、B 型和 C 型 3 种。

　　A. 截面形状　　　　　B. 尺寸大小　　　　　　　C. 头部形状　　　　　　　D. 以上答案都不对

16. 上、下工作面互相平行的键连接是（　　　）。

　　A. 切向键连接　　　　B. 楔键连接　　　　　　　C. 平键连接　　　　　　　D. 花键连接

17. 在普通平键的 3 种型式中，（　　　）平键在键槽中不会发生轴向移动，所以应用最广。

　　A. 双圆头　　　　　　B. 平头　　　　　　　　　C. 单圆头　　　　　　　　D. A 或 B

18. 在轴的中部安装并作周向固定轴上零件时，多用（　　　）的普通平键。

　　A. A 型　　　　　　　B. B 型　　　　　　　　　C. C 型　　　　　　　　　D. A 或 B 型

19. 从 "键 C18×80 GB/Tl096—2003" 标记中，可以知道该键的宽度为（　　　）。

　　A. 18　　　　　　　　B. 11　　　　　　　　　　C. 80　　　　　　　　　　D. 18×80

20. 为了便于盲孔件的定位及多次装拆，常采用的连接是（　　　）。

　　A. 圆柱销　　　　　　B. 内螺纹圆柱销　　　　　C. 圆锥销　　　　　　　　D. 内螺纹圆锥销

四、名词解释

1. 可拆连接

2. 不可拆连接

五、分析题

1. 图 3-3-3 所示为销连接的形式及应用特点，试回答：

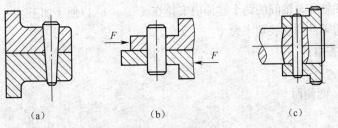

　　　（a）　　　　　　　　（b）　　　　　　　　（c）

图 3-3-3　销连接

（1）由图中可知销的形式有（　　　）和（　　　）两种。

（2）图（a）中销靠（　　　）来定位，故经多次拆装（　　　）定位精度。

（3）图（b）、（c）中销靠（　　　）来定位、传扭。

（4）图（a）所示的销使用时数目（　　　），且（　　　）用于传递载荷（能、不能）。

（5）图（c）在过载时，为防止齿轮和轴的损坏，起到安全保护作用，销的强度应（　　　）被连接件的强度。

2. 图 3-3-4 所示为一输出轴的结构草图，要求轴上斜齿轮与轴之间采用 H7/r6 配合，齿轮内孔径为 65，宽度为 80 mm，选用轴承内孔口圆角 R1.5，内孔径为 60mm，请回答下列问题。

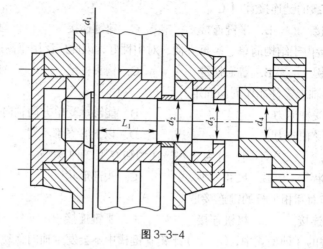

图 3-3-4

（1）轴段 L_1 的直径为（　　　）mm，长度为（　　　）mm。（65，78，80）

（2）为保证该轴能传递大载荷，承受冲击，齿轮和轴间应采用（　　　）和（　　　）作周向固定。

（3）齿轮的轴向是用（　　　）和（　　　）来固定的。

（4）左端滚动轴承分别用（　　　）和（　　　）配合实现轴向和周向固定。

（5）轴承内圈与轴采用（　　　）制配合、外圈与箱体孔采用（　　　）制配合。

（6）按承载情况，该轴是（　　　）轴。

（7）左边轴环、轴肩的圆角半径为（　　　）mm。（1，1.5，2）

（8）为调整轴承游隙，两端盖与箱体间应有（　　　）。

（9）左边轴环直径 d_1 按左轴承的（　　　）和齿轮的（　　　）确定。

（10）d_2 和 d_3 不相等是为了（　　　）和（　　　）。

（11）该轴上两个轴承应选型号为（　　　）的滚动轴承。

（12）右端盖与轴间留有间隙的目的是（　　　），此处还应装有（　　　），以达到（　　　）目的。

（13）齿轮、联轴器与轴间的两个键槽应安排在（　　　），以便于加工。

（14）轴上右边零件的安装顺序为（　　　）。

知识测评参考答案：

一、填空题

1. 1:100　楔　两侧面

2. A

3. 52

4. 楔键

5. 对中　导向　滑移

6. 补偿磨损的特性

7. 基轴制

二、判断题

1. 错　2. 错　3. 错　4. 错　5. 对　6. 错　7. 错　8. 错　9. 对　10. 错　11. 错　12. 错

13. 对

三、选择题

1. C　2. A　3. B　4. D　5. C　6. D　7. A　8. A　9. A　10. C　11. A　12. D　13. A　14. B　15. C　16. A　17. A　18. D　19. A　20. D

四、名词解释

1. 允许多次装拆而无损其使用性能的连接为可拆连接。

2. 不损坏组成零件就不能拆开的连接为不可拆连接。

五、分析题

1. 答：（1）圆柱销　圆锥销　（2）圆锥面　仍能保证　（3）圆柱面　（4）不少于2个　不能　（5）小于

2. 答：（1）65　78　（2）键连接　过盈配合　（3）轴环　套筒　（4）轴肩　过渡配合　（5）基孔　基轴　（6）转　（7）1　（8）空隙　（9）内圈外径　孔径　（10）零件装拆方便　利于加工　（11）相同　（12）防止端盖与轴接触，增加阻力　密封圈　密封　（13）轴的同一母线方向　（14）齿轮、轴套、轴承、端盖、键、联轴器

第四节　螺 纹 连 接

知识要求

知　识　点	要　　求
常用螺纹的类型、特点和应用	了解常用螺纹的类型、特点和应用
螺纹连接的主要类型与结构	熟悉螺纹连接的主要类型与结构
螺纹连接的应用与防松	掌握螺纹连接的应用与防松方法

知识重点难点精讲

一、螺纹的主要参数

参　　数	说　　明
线数 n	单线，$n=1$
	双线，$n=2$
	多线，$n \geq 3$，一般不超过4
旋向	左旋，用 LH 表示
	右旋
直径	大径，内外螺纹分别用 D、d 表示
	中径，内外螺纹分别用 D_2、d_2 表示
	小径，内外螺纹分别用 D_1、d_1 表示

续表

参　数	说　明		
螺距与导程	$P_h = n \times P$		
牙型	三角形	普通三角形，牙形角 $\alpha = 60°$	
		管螺纹，牙形角 $\alpha = 55°$	
	矩形，牙形角 $\alpha = 0°$		
	梯形，牙形角 $\alpha = 30°$		
	锯齿形，牙形角 $\alpha = 3° + 30°$		

二、各种螺纹的特点与应用

类　型		特点与应用
连接螺纹	普通螺纹	螺纹自锁性好，螺牙强度高，螺牙有粗细之分，粗牙螺纹多用于零件之间的连接，细牙螺纹适用于细小零件、薄壁管件，也用于微调装置
	管螺纹	管螺纹为英制细牙螺纹，内外螺纹旋合后无径向间隙，用于连接时还起密封作用，在水、气管路系统中常见
传动螺纹	矩形螺纹	螺纹升角小，工作效率高，但对中性差，牙根强度低，制造精度不高，螺旋副磨损后，间隙难以修复和补偿，传动精度较低
	梯形螺纹	传动效率低，但工艺性好，牙根强度高，对中性好，剖分螺母可以调节间隙
	锯齿形螺纹	兼有矩形螺纹和梯形螺纹的优点，效率高，牙根 强度高，但只适合于单向受力的螺旋传动

三、螺纹标准件

类　型	标　记　示　例	说　明
螺栓	螺栓 GB/T 5782　M12×80	d=12mm，公称长度 l=80mm 的六角头螺栓
	螺栓 GB/T 5783　M12×80	d=12mm，公称长度 l=80mm 的全螺纹六角头螺栓
双头螺柱	螺柱 GB/T 897　M10×50	两端均为粗牙普通螺纹，B 型，b_m=1d
	螺柱 GB/T 898　AM10-M10×50	旋入端为粗牙，紧固端为 P=1mm 的细牙螺纹，A 型，b_m=1.25d
	螺柱 GB/T 899　M12×50	两端均为粗牙普通螺纹，B 型，b_m=1.5d
	螺柱 GB/T900　M12×50	两端均为粗牙普通螺纹，B 型，b_m=2d
螺母	螺母 GB/T 6170 M12	螺纹规格为 D=M12 的六角螺母
	螺母 GB/T 6178 M12	螺纹规格为 D=M12 六角开槽螺母
	螺母 GB/T 812 M12	螺纹规格为 D=M12 的圆螺母
螺钉	螺钉 GB/T 71　M10×45	公称直径 D=M12，公称长度 l=45 的开槽锥端紧定螺钉
	螺钉 GB/T 73　M10×45	开槽平端紧定螺钉
	螺钉 GB/T 75　M10×45	开槽长圆柱端紧定螺钉
	螺钉 GB/T 70　M10×35	内六角螺钉
	螺钉 GB/T 68　M10×50	开槽沉头螺钉
	螺钉 GB/T 65　M10×50	开槽圆柱头螺钉
	螺钉 GB/T 67　M10×50	开槽盘头螺钉

四、常见螺纹连接

类　型	特　　点	应　　用
螺栓连接	被连接件均无螺纹，根据螺栓与孔间是否存在间隙，分为普通螺栓连接和铰制孔用螺栓连接	用于两被连接件都不太厚，需要经常拆卸的场合
双头螺柱连接	一被连接件上加工螺孔，另一被连接件则为通孔，拆卸时只需拆螺母，而不必将双头螺栓从被连接件中拧出	主要用于被连接件之一较厚或必须采用盲孔且经常拆卸的场合
螺钉连接	被连接件的结构与双头螺柱连接相似，采用螺钉直接拧入螺孔	主要用于被连接件之一较厚或必须采用盲孔且不经常拆卸、受载较小的场合
紧定螺钉连接	利用螺钉末端顶住另一零件表面或旋入零件相应的缺口以固定零件的相对位置，可以传递不大的轴向力或扭矩	主要用于固定两个零件间的位置，并传递不大的载荷

五、螺纹连接防松

防　松　原　理	防　松　措　施
摩擦防松	弹簧垫圈防松
	双螺母防松
	尼龙圈箍紧防松
	凹锥面锁紧垫圈防松
机械防松	槽形螺母开口销防松
	止动垫片防松
	串联金属丝防松
破坏螺纹副防松	焊接防松
	冲点防松
	铆合防松

 知识拓展 —— 提高螺栓连接强度的措施

措　施	方　法	实　　　例		
改善螺纹牙间载荷分配不均现象	改进螺母的结构，使螺牙受力均匀	悬置螺母	环槽螺母	内斜螺母
减小应力集中	在螺纹牙根部、收尾处、杆截面变化处、杆与头连接处都存在应力集中，加大螺纹根部圆角半径、切制卸载槽、采用卸载过渡圆弧、螺纹退刀槽都可以减小应力集中	加大螺纹根部圆角半径 $r_1 > 0.2d$	切制卸载槽 $0.5\sim1.0$	采用卸载过渡圆弧 $r_1=0.15d$ $r_2=1.0d$ $h=0.5d$

措　施	方　法	实　例
减小螺栓应力变化幅度	减小螺栓的刚度、增大被连接件的刚度都能达到目的，如增大螺栓的长度，部分减小螺杆直径或做成中空结构	螺母下安装弹性元件　　　　　密封环密封
避免附加应力	螺栓头、螺母与被连接件支撑面都需加工，避免采用斜支撑面支撑，增加被连接件刚度，提高装配精度都很常见	凸台和沉头座 斜垫圈　　　球面垫圈　　　环腰螺栓
采用合理的制造工艺	采用合理的制造方法和加工方式来提高螺栓的疲劳强度	螺纹滚压工艺、螺纹表面硬化处理工艺（渗氮、碳氮共渗）

 例题解析

例： 试找出图 3-4-1 中螺纹连接结构中的错误，说明原因，并绘图改正。已知被连接件材料均为 Q235，连接件为标准件。

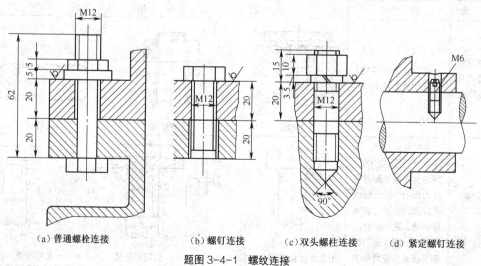

（a）普通螺栓连接　　　（b）螺钉连接　　（c）双头螺柱连接　　（d）紧定螺钉连接

题图 3-4-1　螺纹连接

分析： 本题需对 4 种常见螺纹连接的结构有全面的认识，并了解各元件之间的关系与连接的合理性。

解答：

（1）普通螺栓连接（见图 3-4-1（a））。

主要错误如下。

① 螺栓安装方向不对，且安装空间不够，应掉头进行安装。

② 普通螺栓连接的被连接件孔要大于螺栓大径，而下部被连接件孔与螺栓杆间无间隙，造成装配困难。

③ 被连接件表面没加工，应做出沉头座并刮平，以保证螺栓头及螺母支撑面平整且垂直于螺栓轴线，避免拧紧螺母时螺栓产生附加弯曲应力。

④ 一般连接不应采用扁螺母。

⑤ 螺栓掉头后应采用弹簧垫圈。

⑥ 螺栓长度不标准，应取标准长 l=60mm。

⑦ 螺栓的螺纹长度不够，应取长 30mm。

改正后的结构如图 3-4-2 所示。

（2）螺钉连接（见图 3-4-1（b））。

主要错误如下。

① 采用螺钉连接时，被连接件之一应有大于螺栓大径的光孔，而另一被连接件上应有与螺钉相旋合的螺纹孔。而图中上边被连接件没有做成大于螺栓大径的光孔，下面被连接件的螺纹孔又过大，与螺钉尺寸不符，而且螺纹画法不对，小径不应为细实线。

② 若上边被连接件是铸件，则缺少沉头座孔，表面也没有加工。

改正后的结构如图 3-4-3 所示。

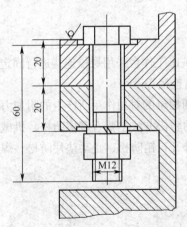

图 3-4-2　图 3-4-1（a）的正确结构

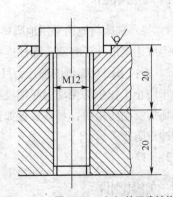

图 3-4-3　图 3-4-1（b）的正确结构

（3）双头螺柱连接（见图 3-4-1（c））。

主要错误如下。

① 上面被连接件的孔径应大于螺柱直径。

② 双头螺柱的光杆部分无法拧进被连接件的螺纹孔内。

③ 锥孔角度应为 120°。

④ 若上边被连接件是铸件，则缺少沉头座孔，表面也没加工。

⑤ 弹簧垫圈厚度尺寸不对。查阅标准应为 3.1mm。

改正后的结构如图 3-4-4 所示。

（4）紧定螺钉连接（见图 3-4-1（d））。

主要错误如下。

① 轮毂上没有加工出 M6 的螺纹孔。

② 轴上拧入螺钉的孔过深，对轴的强度有削弱，有一能陷入螺钉端部的浅坑即可。

③ 应选择紧定螺钉的正确样式。

改正后的结构如图 3-4-5 所示。

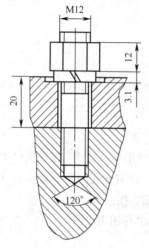

图 3-4-4　图 3-4-1（c）的正确结构

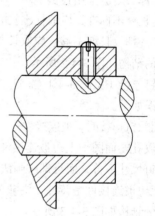

图 3-4-5　图 3-4-1（d）的正确结构

 习题解答

1. 答：铣床与地面采用地脚螺栓固定，铣床平口钳与铣床工作台采用螺栓连接进行固定；常用的螺纹连接形式还有双头螺柱连接、螺钉连接、紧定螺钉连接等。

2. 答：采用双螺母的形式，目的是为了防松，它利用两螺母的对顶作用所产生的附加力和摩擦力来防止工作中的振动引起螺纹副松脱。螺纹连接常用的防松方法主要有摩擦防松、机械防松和破坏螺纹副防松等，具体装置如弹簧垫圈防松、槽形螺母开口销防松、止动垫片防松、焊接防松和冲点防松等。

3. （略）

知识测评

一、填空题

1. 一般螺纹按照用途的不同，可分为＿＿＿＿＿＿螺纹和＿＿＿＿＿＿螺纹。通常连接螺纹为＿＿＿＿＿线的＿＿＿＿＿＿螺纹。

2. 三角形螺纹的牙型角 $\alpha=$＿＿＿＿＿＿，梯形螺纹的牙型角 $\alpha=$＿＿＿＿＿＿。

3. 相邻两牙在＿＿＿＿＿＿线上对应两点间的轴向距离称为螺距 P。

4. 已知一普通螺纹的导程为 1mm，线数为双线，则该螺纹的螺距为_____。

5. 常用于传动的螺纹牙形有_____、_____和_____。

6. 三角形螺纹用于连接的主要原因是_____、_____。

7. 螺纹连接的主要类型有_____、_____、_____和_____连接。

8. 螺纹连接拧紧的目的是预紧和_____。

二、判断题

1. 螺纹的螺纹开角越大，螺旋副就越容易自锁。（　　　）

2. 相同公称直径的三角形细牙螺纹与粗牙螺纹相比，自锁性好，强度低。（　　　）

3. 螺纹连接中，预紧是防松的有力措施。（　　　）

4. 螺栓连接中，预紧力越大，连接越可靠。（　　　）

5. 连接用的螺母、垫圈是根据螺纹的大径选用的。（　　　）

6. 螺栓连接中的螺栓在工作时都受剪切力作用。（　　　）

7. 通常用于连接的螺纹是指单线三角形螺纹。（　　　）

8. 普通螺纹的公称直径指的是螺纹中径。（　　　）

三、选择题

1. 最为常见的连接螺纹应是（　　　）。

　　A. 梯形左旋螺纹　　　　　　　　　　B. 普通左旋螺纹

　　C. 梯形右旋螺纹　　　　　　　　　　D. 普通右旋螺纹

2. 螺纹按用途不同，可分为（　　　）。

　　A. 左旋螺纹和右旋螺纹　　　　　　　B. 外螺纹和内螺纹

　　C. 粗牙螺纹和细牙螺纹　　　　　　　D. 连接螺纹和传动螺纹

3. 常见的连接螺纹的螺旋线线数和绕行方向是（　　　）。

　　A. 单线右旋　　　　　　　　　　　　B. 双线右旋

　　C. 三线右旋　　　　　　　　　　　　D. 单线左旋

4. 螺纹的常用牙形有三角形、矩形、梯形、锯齿形等，其中用于连接的有（　　　）。

　　A. 1 种　　　　　　B. 2 种　　　　　　C. 3 种　　　　　　D. 4 种

5. 普通米制螺纹的牙型角是（　　　）。

　　A. 30°　　　　　　B. 45°　　　　　　C. 55°　　　　　　D. 60°

6. 管螺纹的牙型角是（　　　）。

　　A. 30°　　　　　　B. 45°　　　　　　C. 55°　　　　　　D. 60°

7. 当被连接件一厚一薄，要求经常装拆的场合下应采用（　　　）。

　　A. 螺栓连接　　　　　　　　　　　　B. 螺柱连接

　　C. 螺钉连接　　　　　　　　　　　　D. 紧定螺钉连接

8. 通常将被连接件的支撑面制成凹坑或凸台是（　　　）。

　　A. 便于拧紧　　　　　　　　　　　　B. 便于装拆

　　C. 提高支撑面强度　　　　　　　　　D. 避免产生附加载荷

9. 齿轮减速器的箱体与箱盖用螺纹连接，箱体被连接处的厚度不太大，且需经常拆装，一般宜选用（　　　）连接。

　　A. 螺栓　　　　　　　　　　　　　　B. 螺钉

C. 双头螺柱　　　　　　　　　　　D. 紧定螺钉

10. 连接用的螺母、垫圈是根据螺纹的（　　　）选用的。

　　A. 中径　　　　　　B. 小径　　　　　　C. 大径

四、名词解释

1. 螺距

2. 导程

五、简答题

1. 螺纹连接有哪些基本形式？

2. 螺纹连接本来就进行了预紧，为什么还要采取防松措施？

3. 螺纹连接常用的防松方法有哪几种？　其防松原理是什么？

知识测评参考答案：

一、填空题

1. 连接　传动　单线　普通三角

2. 60°　30°

3. 中径

4. 0.5mm

5. 锯齿形　矩形　梯形

6. 摩擦力大　自锁性能好

7. 螺栓连接　螺柱连接　螺钉连接　紧定螺钉

8. 防松

二、判断题

1. 错　2. 对　3. 对　4. 错　5. 对　6. 错　7. 对　8. 错

三、选择题

1. D　2. D　3. A　4. A　5. D　6. C　7. B　8. D　9. A　10. C

四、名词解释

1. 相邻两牙在中径（d_2）线上对应两点间的轴向距离称为螺距 P。

2. 同一条螺旋线上的相邻两牙在中径线上对应两点间的轴向距离称为导程 P_h。

五、简答题

1. 答：螺纹连接的基本形式有螺栓连接、螺柱连接、螺钉连接、紧定螺钉连接等。

2. 答：作为连接所用的三角螺纹，本身具有较好的自锁性能，在一般静载荷下，连接不会自行松脱，但在冲击、振动等情况下，可能会失去自锁能力，导致连接松动，影响被连接件的正常工作，因此需要设置防松装置。

3. 答：

防 松 方 法	防 松 原 理
弹簧垫圈、对顶螺母	靠摩擦力防松
开口销和槽形螺母，圆螺母和止推垫圈	机械防松
焊接、冲点	破坏螺纹副防松

第五节　联轴器与离合器

知识要求

知 识 点	要　　求
联轴器的功用、类型、特点和应用	理解联轴器的功用、类型、特点和应用
离合器的功用、类型、特点和应用	理解离合器的功用、类型、特点和应用
弹簧的类型、特点和应用	熟悉弹簧的类型、特点和应用

 知识重点难点精讲

一、使用联轴器或离合器的原因

在正常情况下，轴的使用以整体制造为原则，然而实际使用时常因下列原因需将轴分段制造，再利用联轴器或离合器连接后使用。

① 由于材料或加工上的限制：若原动轴太大且长，因机械加工或热处理的条件而无法整体制成时。

② 传动轴前后两段转速不同：因功能上的需要，轴的前后两段转速可随时变更时。

③ 两转轴不在同一中心线上：当两轴轴心无法对准时，分开的两轴必须分段制造后再连接使用。

二、联轴器和离合器的比较

	联　轴　器			离　合　器	
功用	连接两根轴或轴和回转件，使它们一起旋转，传递运动和动力			用来连接同一轴线上的主、从动部件，传递运动和动力	
特点	运动过程中不能分离两轴，需等停转后经过拆卸方可分离			在工作时可以根据需要随时接合或分离。	
分类	刚性联轴器	挠性联轴器		操纵离合器 （机械、气动、液压、电磁）	自动离合器
		无弹性元件	有弹性元件	啮合式 摩擦式	超越离合器 离心离合器 安全离合器

三、万向联轴器的使用

万向联轴器如图 3-5-1 所示，它的两轴线能成任意角度 α，而且在机器运转时，夹角发生改变仍可正常传动。但 α 角越大，传动效率越低，所以一般 α 不超过 $35° \sim 45°$。

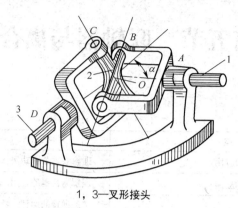

1，3—叉形接头

2—十字头

图 3-5-1　万向联轴器

缺点：当主动轴角速度为常数时，从动轴的角速度并不是常数，而是在一定范围内变化。

为使主、从动轴同步转动，常将万向联轴器成对使用，如图 3-5-2 所示。安装时应使主、从动轴和中间轴位于同一平面内，两个叉形接头也位于同一平面内，并且使主、从动轴与联接轴所成夹角 α 相等，以避免动载荷的产生。

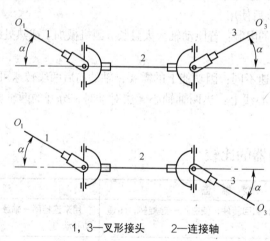

1，3—叉形接头　　2—连接轴

图 3-5-2　万向联轴器与中间轴的连接

知识拓展

一、齿式联轴器

齿式联轴器如图 3-5-3 所示，它是由两个带外齿环的套筒 I 和两个带内齿环的套筒 II 所组成的。

内外齿环的轮齿数、模数相同，齿廓都是压力角为 20° 的渐开线。套筒 I 分别装在被连接的两轴端，由螺栓连成一体的套筒 II 通过齿环与套筒 I 啮合。为能补偿两轴的相对位移，将外齿环的轮齿做成鼓形齿，齿顶做成中心线在轴线上的球面（见图 3-5-3（b）），齿顶和齿侧留有较大的间隙。齿式联轴器允许两轴有较大的综合位移。

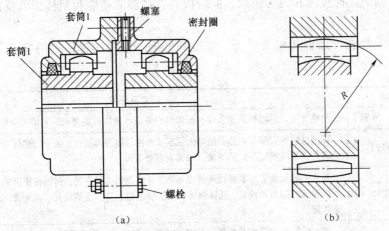

（a） （b）

图 3-5-3 齿式联轴器

齿式联轴器同时啮合的齿数多，承载能力大，外廓尺寸较紧凑，可靠性高，但结构复杂，制造成本高，通常在高速重载的重型机械中使用。

二、牙嵌离合器的牙型

牙嵌离合器的结构简单，外廓尺寸小，接合后所连接的两轴不会发生相对转动，宜用于主、从动轴要求完全同步的轴系。牙嵌离合器常用的牙型有三角形、矩形、梯形、锯齿形等，其径向剖面如图 3-5-4 所示。

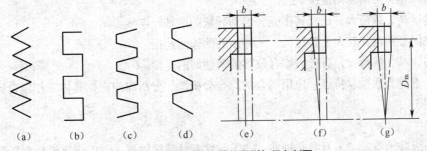

（a） （b） （c） （d） （e） （f） （g）

图 3-5-4 常用离合器的牙型与径向剖面

常用离合器的牙型分类和特点如下表所示。

分　类	特　点
三角形	多用于轻载的情况，容易接合，但牙齿强度较低
矩形	不便于接合，分离也困难，仅用于静止时手动接合
梯形	侧面制成 $\alpha = 2° \sim 8°$ 的斜角，牙根强度较高，能传递较大的转矩，并可补偿磨损而产生的齿侧间隙，接合与分离比较容易，因此梯形牙应用较广
锯齿形	只能单向工作，牙根强度很高，传递转矩能力最大，多在重载情况下使用

三、弹簧的材料

弹簧在工作时常受到变载荷或冲击载荷的作用，为了保证弹簧能够持久可靠地工作，其材料必须具有高的弹性极限和疲劳极限，同时应具有足够的韧性和塑性，以及良好的可热处理性。

弹簧材料及性能可以查阅相关手册、规范和标准。常用的弹簧钢的特点及应用如下表所示。

材料类别	特点及应用
碳素弹簧钢（65、70 钢）	价格便宜，原材料来源方便；但弹性极限低，多次重复变形后易失去弹性
低锰弹簧钢（65Mn）	淬透性较好和强度较高；但淬火后容易产生裂纹及热脆性。由于价格便宜，所以一般机械上常用于制造尺寸不大的弹簧，如离合器弹簧等
硅锰弹簧钢（60Si2MnA）	加入的硅元素可以显著提高弹性极限，并提高回火稳定性，可以在更高的温度下回火，从而得到良好的力学性能。硅锰弹簧钢在工业上得到了广泛的应用，如制造汽车、拖拉机的螺旋弹簧
铬钒钢（50CrVA）	加入钒的目的是细化组织，提高钢的强度和韧性。耐疲劳和抗冲击性能良好，并能在 −40℃～210℃的温度下可靠地工作，但价格较贵。铬钒钢多用于要求较高的场合，如用于制造航空发动机调节系统中的弹簧
其他材料	某些不锈钢、青铜等材料，具有耐腐蚀的特点，青铜还具有磁性和导电性，故常用于制造化工设备中或工作于腐蚀介质中的弹簧。其缺点是不容易热处理，力学性能较差

 例题解析

例 1：为以下不同的工作情况选择合适的联轴器类型。

（1）刚性大，对中性好的轴。（　　　）

（2）轴线相交的两轴间连接。（　　　）

（3）转速高，载荷大，正反转多变，启动频繁的两轴间连接。（　　　）

（4）轴间径向位移较大，转速低，无冲击的两轴间连接。（　　　）

（5）转速高，载荷大，有较大综合位移的两轴间的连接。（　　　）

分析：本题为联轴器特点、应用场合的综合分析题，分析时应根据具体工作场合比较、确定联轴器类型。

解答：

（1）凸缘联轴器。（2）万向联轴器。（3）弹性套柱销联轴器。（4）十字滑块联轴器。（5）齿式联轴器。

例 2：图 3-5-5 所示为梯形齿牙嵌式安全离合器，试分析后填空。

（1）当齿轮传递的转矩超过调定值时，离合器半体 1 上所受的轴向分力_____弹簧力，此时，半体 1 将向_____运动。

（2）该离合器，调节_____，使其向_____移动增大_____力，可增大传递的转矩；向_____移动可减小传递的转矩。

（3）如将梯形齿改成矩形齿，则此离合器_____用作安全离合器，_____用作一般离合器。

分析：本题是一综合题，内容涉及离合器的功用、牙嵌离合器的牙型特点及应用、过载保护等。

解答：（1）大于　左（2）螺母　右　弹簧　左（3）不可　可以

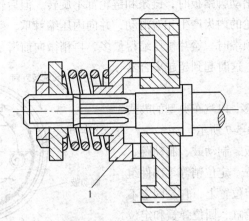

图 3-5-5　梯形齿牙嵌式安全离合器

习题解答

1. 答：刚性联轴器有凸缘联轴器、十字滑块联轴器、万向联轴器、链轮摩擦式安全联轴器，弹性联轴器有弹性套柱销联轴器。刚性联轴器没有弹性元件，不能缓冲吸震，弹性联轴器有弹性元件，能够缓冲吸振，而且工作时能够补偿两轴轴线之间的偏移。刚性联轴器中，如十字滑块联轴器、万向联轴器、链轮摩擦式安全联轴器等因组成零件之间构成动连接，也可以适度补偿两轴相对位移。

2. 答：摩擦式离合器通过操纵动摩擦盘实现动力的结合与分离，若工作时过载，摩擦面之间会打滑，从而防止其他零件损坏。如果要传递较大的转矩，则可以通过增加摩擦片的数目而无须增加轴向压力来实现。牙嵌式离合器依靠半联轴器上牙的相互嵌合来实现动力的传递，其中梯形牙结合容易，能自动补偿牙的磨损和出现的牙侧间隙，避免或减少载荷冲击，应用较广。

3. 答：自行车后轴上的飞轮，其内部结构实际上就是一个棘轮机构，飞轮模型图和示意图如图 3-5-6 所示。

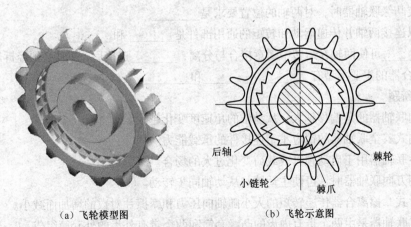

后轴　　棘轮

小链轮　棘爪

（a）飞轮模型图　　　　　　　　（b）飞轮示意图

图 3-5-6　自行车后轴上的飞轮

如图 3-5-6 所示，自行车后轴上的链轮与飞轮固定在一起，骑行时，链条带动飞轮向前转动，这时飞轮内棘轮的内齿和棘爪咬合，飞轮的转动力通过棘爪传到芯子，芯子带动后轴和后轮转动，自行车就前进了。当停止踏动脚踏板时，链条和链轮都不旋转，但后轮在惯性作用下仍然带动芯子和棘爪向前转动，与棘轮的内齿产生相对滑动，并向内压缩棘爪，棘爪又压缩支撑复位簧片。当棘爪齿顶滑到飞轮内齿顶端时，簧片被压缩得最多，再稍微向前滑一点，棘爪被簧片弹到齿根上，发出"嗒嗒"的声响，这时起到超越离合器的作用。

4. 答：制动器种类较多，以汽车典型的鼓式制动器为例，其结构如图 3-5-7 所示。

鼓式制动器主要由底板、制动鼓、制动蹄、轮缸（制动分泵）、回位弹簧、定位销等零部件组成。底板安装在车轴的固定位置上，它是固定不动的，上面装有制动蹄、轮缸、回位弹簧和定位销，承受制动时的旋转扭力。每一个鼓有一对制动蹄，制动蹄上有摩擦衬片。制动鼓则是安装在轮毂上，随车轮一起旋转。当制动时，轮缸活塞推动制动蹄压迫制动鼓，制动鼓受到摩擦减速，迫使车轮停止转动。

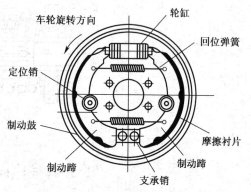

图 3-5-7 鼓式制动器

知识测评

一、填空题

1. 离合器按工作原理分为_____和_____。

2. 离合器按操纵方式分为_____、_____、_____和_____。

3. 超越离合器只能按一个转向传递_____，反方向时能自动分离。

4. 安全离合器具有_____功用。

5. 摩擦离合器依靠主、从动半离合器接触表面之间的_____来传递转矩。

6. 固定联轴器中应用最广的是_____联轴器。

7. 要求在任何不同转速下都可接合或分离两根轴，可采用_____离合器。

8. 安装凸缘联轴器时，对两轴的位置要求是_____。

9. 用以连接两轴并传递运动和转矩的通用部件是_____和_____。

10. _____可使两轴在运转中随意接合与分离；_____连接后，两轴必须经拆卸才能分离。

11. 离合器的主要类型有_____、_____和_____。

二、判断题

1. 万向联轴器的角偏移越大，从动轴的角速度变化越大。（　　）

2. 剪销式安全联轴器的销应小于连接件的承载能力。（　　）

3. 刚性联轴器用于启动频繁或载荷变化过大的场合。（　　）

4. 采用万向联轴器时，可使主动轴与从动轴同步转动。（　　）

5. 多片式摩擦离合器传递转矩的大小随轴向压力和摩擦片对数的增加而减小。（　　）

6. 齿式联轴器是由两个带有内齿的凸缘套筒和两个带有外齿的外套筒组成。（　　）

7. 安全联轴器对两轴无对中性要求。（　　）

8. 在连接和传动作用上联轴器和离合器是相同的。（　　）

9. 只有可移式联轴器，才能使两轴之间的偏斜得到补偿。（　　）

10. 为了能够连接交叉的两根轴，万向联轴器必须成对使用。（　　　）

11. 自行车后轮与轴之间，采用的是超越离合器。（　　　）

12. 尼龙柱销联轴器对位移或偏移的补偿量不大，多用于重载传动中。（　　　）

13. 为保证高径比较大的弹簧的工作稳定性，应装导杆或套筒。（　　　）

14. 机械手表中涡卷弹簧的主要作用是储存能量。（　　　）

三、选择题

1. 联轴器与离合器的主要作用是（　　　）。

  A. 缓冲、减振　　　　　　　　　B. 传递运动和转矩

  C. 防止机器发生过载　　　　　　D. 补偿两轴的不同心或热膨胀

2. 下列 4 种联轴器中，（　　　）可允许两轴线有较大的夹角。

  A. 弹性套柱销联轴器　　　　　　B. 弹性柱销联轴器

  C. 齿式联轴器　　　　　　　　　D. 万向联轴器

3. 在牙嵌式离合器中，（　　　）牙形的牙根强度高，接合分离方便，且能自动补偿因磨损而产生的牙侧间隙，应用最普遍。

  A. 梯形　　　　　　B. 锯齿形　　　　　　C. 矩形

4. 牙嵌式离合器只能在（　　　）接合。

  A. 单向转动时　　　　　　　　　B. 高速转动时

  C. 正反转工作时　　　　　　　　D. 两轴转速差很小或停车时

5. 某机器的两轴，要求在任何转速下都能接合，应选择（　　　）。

  A. 摩擦离合器　　　　　　　　　B. 牙嵌离合器

  C. 安全离合器　　　　　　　　　D. 离心式离合器

6. 联轴器和离合器的主要区别是（　　　）。

  A. 联轴器多数已标准化和系列化，而离合器则不是

  B. 联轴器靠啮合传动，而离合器靠摩擦传动

  C. 离合器能补偿两轴的偏移，而联轴器则不能

  D. 联轴器是一种固定连接装置，而离合器则是一种能随时将两轴接合或分离的装置

7. 在载荷不平稳且有较大冲击和振动的场合下，一般宜选用（　　　）联轴器。

  A. 刚性固定式　　B. 刚性可移式　　C. 弹性　　　　　　D. 安全

8. 汽车、拖拉机、火车等悬挂装置上使用的板弹簧和螺旋弹簧，其作用是（　　　）。

  A. 储存能量　　B. 控制运动　　C. 缓冲吸振　　D. 测量载荷

9. 钟表和仪器中的发条属于（　　　）弹簧。

  A. 盘簧　　　　B. 环形弹簧　　C. 碟形弹簧　　D. 螺旋弹簧

10. 以下关于凸缘式联轴器的论述，不正确的是（　　　）。

  A. 对中性要求高　　　　　　　　B. 缺乏综合位移的补偿能力

  C. 传递的转矩较小　　　　　　　D. 结构简单，使用方便

11. （　　　）联轴器对所连接的两轴的偏斜和偏移都能补偿。

  A. 固定式　　　B. 可移式　　　C. 安全　　　　D. 万向

12. 两轴的轴心线相交成 40° 角，应当用（　　　）联轴器。

  A. 齿式　　　　B. 十字滑块　　C. 万向　　　　D. 尼龙柱销

13. 可以实现同一轴上有两种不同的转速的离合器是（　　　）。

  A. 牙嵌式离合器　　　　　　　　B. 单片圆盘离合器

  C. 多片圆盘磨擦式离合器　　　　D. 超越离合器

14. 金属弹性元件挠性联轴器中的弹性元件都具有（　　）的功能。

  A. 对中　　　　　　B. 减磨　　　　　　C. 缓冲和减振

15. 牙嵌离合器一般用在（　　）的场合。

  A. 传递转矩很大，接合速度很低　　B. 传递转矩较小，接合速度很低

  C. 传递转矩很大，接合速度很高　　D. 传递转矩较小，接合速度很高

16. 齿式联轴器对两轴的（　　　）偏移具有补偿能力，所以常用于安装精度要求不高的和重型机械中。

  A. 径向　　　　　B. 轴向　　　　　C. 角　　　　　　D. 综合

四、名词解释

1. 刚性联轴器

2. 弹性联轴器

五、简答题

摩擦式离合器和牙嵌离合器的工作原理有何不同？

六、分析题

根据图 3-5-8 所示超越离合器，回答下列问题。

（1）该离合器可使同一根轴实现（　　）种不同转速。

（2）图示离合器是（　　）超越离合器（单向，双向）。

（3）如件 2 作慢速逆时针转动时，件 3 在（　　）力作用下（　　）（松脱，楔紧），使件 1 和件 2 实现（　　）运动。若件 1 由快速电动机带动作逆时针快速转动，则件 3 使件 1 和件 2（　　），此时，件 1 作（　　）运动，件 2 作（　　）运动，两个运动互不干涉。

（4）此离合器的超越作用，只能是件（　　）超越件（　　）。

（5）件 2 主动作顺时针转动时，件 1（　　）。

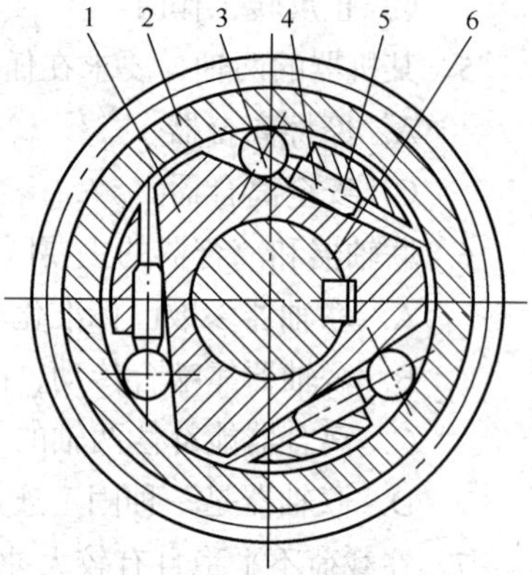

图 3-5-8　超越离合器

知识测评参考答案：

一、填空题

1. 啮合式　摩擦式

2. 机械操纵式　电磁操纵式　液压操纵式　气动操纵式

3. 转矩

4. 过载保护

5. 摩擦力

6. 凸缘

7. 摩擦

8. 严格对中

9. 联轴器　离合器

10. 离合器　联轴器

11. 牙嵌式离合器　摩擦式离合器　安全离合器

二、判断题

1. 对　2. 对　3. 错　4. 错　5. 错　6. 错　7. 错　8. 对　9. 对　10. 错　11. 对　12. 错

13. 对　14. 对

三、选择题

1. B　2. D　3. A　4. D　5. A　6. D　7. C　8. C　9. A　10. C　11. B　12. C　13. D

14. C　15. A　16. D

四、名词解释

1. 刚性联轴器是指由刚性元件组成，不具有缓冲吸振能力的联轴器。

2. 弹性联轴器是指包含有弹性元件，可以缓冲吸振，还能补偿轴线偏移的联轴器。

五、简答题

答：牙嵌离合器是靠半联轴器上的牙相互嵌合来传递运动和转矩的，摩擦式离合器是靠主、从动盘的接触面间产生的摩擦力矩来传递转矩的。

六、分析题

1. 答：（1）两　（2）单向　（3）摩擦　楔紧　同速逆时针转动　松脱、分开　快速　慢速

（4）1　2　（5）静止不动

第四章

机械传动

第一节 带 传 动

知 识 点	要 求
带传动的工作原理、特点、类型和应用	知道带传动的工作原理、特点、类型和应用
V 带的结构和标准	认识 V 带的结构和标准
V 带轮的材料与结构	会选择 V 带轮的材料与结构
选用 V 带轮传动的参数	会计算选用 V 带轮传动的参数
V 带传动的正确安装、张紧、调试与维护	了解 V 带传动的正确安装、张紧、调试与维护

 知识重点难点精讲

一、工作原理与分类

1. 工作原理

带传动是通过带与带轮之间的摩擦或啮合传递运动和动力的传动装置。

2. 分类

类 型		工 作 面	截面形状	工 作 特 点	
摩擦类	平带传动	内表面	扁平矩形	多用于高速和中心距较大的场合	不能保证准确的传动比
	V 带传动	两侧面	梯形	在相同张紧力和摩擦系数情况下，V 带传动能力比平带大，结构更加紧凑	
	圆带传动	外表面	圆形	传动能力小，主要用于低速、小功率传动	
啮合类	同步带传动	靠内侧齿与带轮啮合		薄而轻，可用于高速传动，但成本较高，安装精度要求较高	传动比较准确

二、V 带结构与型号

1. 结构类型

类　　型	组　　成	结构区别	用　　途
帘布结构	包布层、伸张层、强力层、压缩层	强力层材料不同	抗拉强度高，制造方便，一般场合
线绳结构			用于转速较高、带轮直径较小及载荷不大的场合

2. 型号

V 带按截面尺寸由小到大分 Y、Z、A、B、C、D、E 7 种型号。

V 带截面积越大，其传递的功率也越大。

3. 标记

V 带的标记由型号、基准长度和标准编号组成。

三、V 带轮结构与材料

1. V 带轮结构

V 带轮一般由轮缘、轮幅、轮毂 3 部分组成。

2. V 带轮材料

V 带轮材料及适用范围如下表所示。

材　　料	适用范围
HT150、HT200	带速 $v \leqslant 25m/s$
铸钢或铸铁	带速 $v \geqslant 25m/s$
铸铝或工程材料	小功率低速传动

四、V 带的安装与维护

① 选用的 V 带型号与长度不要搞错，应使 V 带的外边缘与轮缘取齐（新安装时可略高于轮缘）。

② 两轴线平行，主、从动轮轮槽必须调整在同一平面内。

③ V 带张紧程度调整适当，在中等中心距的情况下，以大拇指按下 15mm 左右为宜。

④ 对 V 带传动定期检查，及时更换不宜继续使用的 V 带。为使各根 V 带传动时受力均匀，应成组更换。

⑤ V 带传动装置必须装安全防护罩。

 知识拓展

一、V 带的选用步骤

1. 确定计算功率 P_c

$$P_c = K_A P$$

式中：P——传递的额定功率，单位为 kW；

K_A——工作情况系数。

2. 选用型号

根据计算功率和主动轮转速，查表选用型号。

3. 确定带轮的基准直径 d_{d1}、d_{d2}

根据型号选择 V 带轮的最小基准直径 d_{dmin}，再根据传动比（$i = \dfrac{d_{d2}}{d_{d1}} \leqslant 7$）关系式求出 d_{d2}。

4. 验算 V 带速度

$$v = \frac{\pi \cdot d_d \cdot n}{1\,000 \times 60}$$

一般要求 5m/s≤v≤25m/s，否则重选 d_{d1}。

5. 初定中心距 a_0，初定基准长度

根据传动结构的需要，初定中心距可取：$0.7(d_{d1}+d_{d2}) \leqslant a_0 \leqslant 2(d_{d1}+d_{d2})$

初定中心距后，再计算 V 带的基准长度 L_{d0}，即

$$L_{d0} = 2a_0 + \frac{\pi}{2}(d_{d1}+d_{d2}) + \frac{(d_{d2}-d_{d1})^2}{4a_0}$$

6. 选择基准长度 L_d，计算实际中心距 a

由 L_{d0} 查表得出基准长度 L_d，再由基准长度 L_d 计算出实际中心距 a。

$$a \approx a_0 + \frac{L_d - L_{d0}}{2}$$

考虑安装与张紧 V 带的需要，应使中心距约有 ±$0.03L_d$ 余量。

7. 验算小带轮包角

$$\alpha \approx 180° - \frac{d_{d2}-d_{d1}}{a} \times 57.3° \geqslant 120°$$

8. 确定 V 带根数

$$z \geqslant \frac{P_c}{P_0 \cdot K_\alpha}$$

式中：P_c——计算功率，单位 kW；

P_0——单根 V 带所传递功率，与 V 带型号、小带轮直径和主动轮转速有关；

K_α——包角系数，是考虑小带轮包角的影响系数。

二、平带传动的主要参数

1. 传动比

$$i = \frac{n_1}{n_2} = \frac{D_2}{D_1} \leqslant 5$$

式中：n_1、n_2——小大带轮转速（r/min）；

D_1、D_2——小、大带轮直径。

2. 带轮的包角与带长

平带的传动形式有开口传动、交叉传动、半交叉传动和角度传动 4 种，其中开口传动应用较广泛。

开口传动的包角与带长计算公式如下：

包角：$\alpha \approx 180° - \dfrac{D_2 - D_1}{a} \times 60° \geqslant 150°$

带长：$L = 2a + \dfrac{\pi}{2}(D_1 + D_2) + \dfrac{(D_2 - D_1)^2}{4a}$

三、平带的接头形式

平带的接头形式有胶合式、缝合式和铰链带扣式 3 种。胶合式与缝合式，传动时冲击小，速度可以高一些。铰链带扣式传递功率较大，但速度不能太高，否则会引起强烈的震动与冲击。当速度超过 30m/s 时，可采用无接头的环形带。

四、带传动的张紧方法

1. 调整中心距

调整中心距有定期张紧装置与自动张紧装置两种。

2. 使用张紧轮

带传动类型	张紧轮安放位置		理　由
平带传动	松边外侧	靠近小带轮	小带轮包角得到增大，提高了传动能力
V 带传动	松边内侧	靠近大带轮	V 带传动时只受单方向弯曲；小带轮包角不至于减小太多

 例题解析

例 1：V 带的接头方法一般采用胶合式、缝合式和铰链带扣式 3 种，其中胶合法应用最广泛。（　　）

分析：V 带是无接头的环形带，平带的接头形式有胶合式、缝合式、铰链带扣式。

解答：本题答案为"错"。

例 2：平带传动中，已知 $D_1 = 100$mm，$D_2 = 500$mm，$a = 1\,000$mm。（1）计算传动比；（2）验算包角；（3）计算出平带的长度；（4）若主动轮功率输入为 $P = 6$kW，传递装置的总效率为 $\eta = 0.8$，求从动轮的输出功率 P_c。

分析：本题为带传动的参数计算题，没有特别说明，一般以开口传动计算。另外，$P_{出} = P_{入} \cdot \eta$。

解答：

（1）$i = \dfrac{n_1}{n_2} = \dfrac{D_2}{D_1} = \dfrac{500}{100} = 5$（$i \leqslant 5$ 适用）

（2）$\alpha \approx 180° - \dfrac{D_2 - D_1}{a} \times 60°$

$\approx 180° - \dfrac{500 - 100}{1\,000} \times 60°$

$\approx 156° > 150°$（适用）

（3）$L = 2a + \dfrac{\pi}{2}(D_1 + D_2) + \dfrac{(D_2 - D_1)^2}{4a}$

$= 2 \times 1\,000 + \dfrac{3.14}{2}(100 + 500) + \dfrac{(500 - 100)^2}{4 \times 1\,000}$

$= 2\,982$mm

（4）$P_c = P \cdot \eta = 0.8 \times 6 = 4.8 \text{kW}$

 习题解答

1. 解：（1）因为 $i = \dfrac{n_1}{n_2} = \dfrac{d_{d2}}{d_{d1}}$

$$i = \frac{1\,450}{n_2} = \frac{400}{200}$$

所示 $n_2 = 725 \text{r/min}$

（2）V带传动比：$i = \dfrac{d_{d2}}{d_{d1}} = \dfrac{400}{200} = 2$

（3）$L_{d0} = 2a_0 + \dfrac{\pi}{2}(d_{d1} + d_{d2}) + \dfrac{(d_{d2} - d_{d1})^2}{4a_0}$

$$= 2 \times 600 + \frac{3.14}{2}(400 + 200) + \frac{(400 - 200)^2}{4 \times 600}$$

$$\approx 2\,158.67 \text{mm}$$

由 $L_{d0} \approx 2\,158.67 \text{mm}$ 查表可得出基准长度 $L_d = 2240\,^{+31}_{-16}\,\text{mm}$

（4）验算小轮包角。

$a \approx a_0 + \dfrac{L_d - L_{d0}}{2}$

$$\approx 600 + \frac{2\,240 - 2\,158.67}{2}$$

$$\approx 640.67 \text{mm}$$

$\alpha \approx 180° - \dfrac{d_{d2} - d_{d1}}{a} \times 57.3°$

$$\approx 180° - \frac{400 - 200}{640.67} \times 57.3°$$

$$\approx 162.11° > 120°$$

小轮包角适用。

（5）V带线速度：$v = \dfrac{\pi \cdot d \cdot n}{1\,000 \times 60} = \dfrac{3.14 \times 200 \times 1\,450}{1\,000 \times 60} = 15.18 \text{ m/s}$

因为 $5\text{m/s} < 15.18 \text{ m/s} < 25\text{m/s}$

所示 V 带线速度合格。

2.（略）

3. V 带的安装与维护的具体要求

（1）安装要求

两轴线平行，带轮 V 形槽对称平面重合，误差不超过 20；

V 带型号和规格正确，张紧度应适当，以大拇指按下 15mm 左右为宜。

（2）维护要求

V 带松紧定期检查，更换时应一组同时更换；

V 带张紧方法有调整中心距和使用张紧轮；

V 带使用必须安装安全防护罩。

知识测评

一、填空题

1. 带传动是通过带和带轮之间的_____或啮合来传递运动和动力。

2. 带传动的常见类型有_____、_____、_____和_____。

3. V 带是_____的环形带，由_____、_____、_____和_____组成。

4. V 带的截面形状为_____，工作面是_____。

5. V 带表面压印的"B1800"表示_____。

6. 普通 V 带的型号分为_____、_____、_____、_____、_____、_____、_____7 种。

7. 带轮一般由_____、_____、_____3 部分组成。

8. 带传动的特点是带有_____，能缓冲、_____，传动_____，无噪声，使用维修方便，可用于两轴中心距_____的传动场合。

9. 当带传动的传动比 $i=1$ 时，小带轮包角 $\alpha=$_____。

10. 带轮的基准直径_____，V 带传动时产生的弯曲应力越_____，使用寿命就越_____。

11. 在带传动中，传动能力的大小与_____带轮的_____大小有关。

12. V 带传动的速度应限制在适当的范围内，一般为_____。

13. 在传动比不太准确的的带传动中，打滑现象主要发生在_____。

14. 带轮的包角是指胶带与带轮接触弧所对应的_____，对于 V 带传动来说包角应大于或等于_____。

15. V 带的张紧方法有_____和_____。

16. 带传动的设计准则是：_____和_____。

17. 带传动的工况系数 K 与_____、_____、_____，以及每天的工作时间等因素有关。

二、判断题

1. V 带传动与平带传动相比，更适用于两轴间中心距较大的场合。（   ）

2. 安装 V 带时，应保证带轮轮槽的两侧面和底面与带接触。（   ）

3. 限制 V 带小带轮的最小基准直径的主要目的是为了增大带轮的包角。（   ）

4. V 带传动使用张紧轮后，小带轮包角得到增大。（   ）

5. 普通 V 带有 7 种型号，其传递功率能力，A 型 V 带最小，Z 型 V 带最大。（   ）

6. 在相同条件下，V 带传动能力是平带的 3 倍。（   ）

7. 所有的带传动都是摩擦传动。（   ）

8. V 带传动的中心距越小越好。（   ）

9. 在多级减速装置中，带传动通常布置在首级。（   ）

10. 一般要求在布置带传动时，紧边在上，松边在下。（   ）

11. V 带型号的确定，是根据计算功率和主动轮的转速来选定的。（   ）

三、选择题

1. V 带的传动性能主要取决于（   ）

A. 强力层 B. 伸张层 C. 压强层 D. 包布层

2. V带传动与平带传动相比，应用较广泛的原因是（　　）。

    A. 在传递相同功率时，传动外廓尺寸较小　　B. 传动效率高

    C. 带的使用寿命长 D. 带的价格低

3. 某机床的V带传动中共有4根V带，工作较长时间后，有一根产生疲劳撕裂而不能继续使用，则应（　　）。

    A. 更换已撕裂的那根 B. 更换2根 C. 更换3根 D. 全部更换

4. 为了防止V带传动打滑，其传动比一般限制在不大于（　　）。

    A. 5 B. 10 C. 7 D. 6

5. 普通V带轮的材料，通常是根据（　　）来选择。

    A. 功率 B. 带速 C. 小带轮包角 D. 初拉力

6. 带的主要失效形式是（　　）。

    A. 带的磨损 B. 塑性变形 C. 打滑 D. 打滑与疲劳破坏

7. 在中心距一定的条件下，增大传动比，则（　　）。

    A. 包角减小 B. 包角增大 C. 不变 D. 可能变大或变小

8. V带合适的工作速度应为（　　）。

    A. $5m/s \leqslant v \leqslant 25m/s$ B. 包角增大 C. 不变 D. 可能变大或变小

9. 在传动系统中，高速级采用带传动的目的是（　　）。

    A. 传动运转平稳 B. 制造安装方便

    C. 能获得较大的传动比 D. 可传递较大的功率

10. 若带传动$i \neq 1$，打滑主要发生在（　　）。

    A. 小带轮 B. 大带轮 C. 张紧轮 D. 不能确定

11. 当带速$v \leqslant 25m/s$的情况下，带轮常用（　　）制造。

    A. 铸钢 B. 灰铸铁 C. 铸铝 D. 工程塑料

四、名词解释

1. 传动比

2. 基准长度

3. 带传动

五、简答题

1. V带安装过程中，应做到以下几点。

（1）两带轮轴线应_____，带轮V形槽对称平面_____，误差不得超过_____，以免传动时V带发生_____和工作侧面_____。

（2）V带的张紧度应适当，以在中等中心距下，用大拇指按下_____左右为宜。

（3）V型号和规格正确，安装后V带的顶面应和带轮轮槽顶面_____，以保证传动能力。

2. 已知一V带传动装置，试回答下列问题。

（1）V带采用张紧轮张紧，则张紧轮应置于_____。

（2）V带传动能力主要与带的初拉力、带与带轮摩擦系数和_____有关。

（3）V带小带轮轮槽槽角应_____大带轮轮槽槽角。

（4）V带的最小基准直径选择取决于_____。

六、计算题

1. 有一车床上电动机与主轴箱之间采用 V 带传动。已知：电动机主动带轮的基准直径 d_{d1} = 140mm，转速 n_1 = 1 440r/min，从动轴转速 n_2 = 720r/min，工作中要求中心距 a = 800mm。

求：（1）从动带轮基准直径 d_{d2}；

（2）验算主动带轮的包角 α；

（3）验算 V 带的带速。

知识测评参考答案：

一、填空题

1. 摩擦

2. 圆带传动　平带传动　V 带传动　同步带传动

3. 没有接头　包布带　伸张层　强力层　压缩层

4. 梯形　两侧面

5. B 型带，基准长度为 1800mm

6. Y　Z　A　B　C　D　E

7. 轮缘　轮辐　轮毂

8. 弹性　吸振　平稳　较大

9. 180°

10. 越小　大　短

11. 小　包角

12. 5m/s ≤ v ≤ 25m/s

13. 小带轮上

14. 中心角　120°

15. 调整中心距　使用张紧轮

16. 保证不打滑　保证足够的使用寿命

17. 载荷的性质　工作机的类型　原动机的性质

二、判断题

1. 错　2. 错　3. 错　4. 错　5. 错　6. 对　7. 错　8. 错　9. 对　10. 错　11. 对

三、选择题

1. A　2. A　3. D　4. C　5. B　6. D　7. A　8. A　9. A　10. A　11. B

四、名词解释

1. 传动比是主动轮转速与从动轮转速之比，也等于两轮基准直径的反比。

2. V 带在规定的张紧力下，位于带轮基准直径上的周线长度称为基准长度。

3. 带传动是通过带与带轮之间的摩擦或啮合传递运动和动力的传动装置。

五、简答题

1. 答：（1）平行　重合　20′　扭曲　过早磨损

（2）15mm

（3）取齐

2. 答：（1）松边内侧，靠近大带轮

（2）小带轮包角

（3）小于

（4）型号

六、计算题

解：（1）因为 $i_{12} = \dfrac{n_1}{n_2} = \dfrac{d_{d2}}{d_{d1}}$

所示 $d_{d2} = \dfrac{n_1}{n_2} d_{d1} = \dfrac{1\,440}{720} \times 140 = 280\text{mm}$

（2）$\alpha = 180° - \dfrac{d_{d2} - d_{d1}}{a} \times 57.3°$

$= 180° - \dfrac{280 - 140}{800} \times 57.3°$

$= 169.97° > 120°$（合格）

（3）$v = \pi \dfrac{n_1 d_{d1}}{60 \times 10^3} = \dfrac{3.14 \times 1\,440 \times 140}{60 \times 10^3} = 10.55\text{m/s}$

因为 $5\text{m/s} < 10.55\text{m/s} < 25\text{m/s}$

所示 V 带带速合格。

第二节 链 传 动

 知识要求

知 识 点	要 求
链传动的工作原理、类型、特点和应用	知道链传动的工作原理、类型、特点和应用
链传动的平均传动比	会计算链传动的平均传动比
链传动的安装与维护	了解链传动的安装与维护
*链传动的参数	了解链传动的参数

 知识重点难点精讲

一、链传动的工作原理与传动比

1. 工作原理

链传动是以链条作为中间挠性件，通过链条与链轮齿间不断啮合和脱开传递运动和动力。

2. 传动比

$$i_{12} = \frac{n_1}{n_2} = \frac{z_2}{z_1}$$

式中：n_1、n_2——主、从动链轮转速，单位为 r/min；

　　　Z_1、Z_2——主、从动链轮齿数。

二、类型

名　称	类　型		用　途
链条	传动链	套筒滚子链	用于一般机械中传递运动和动力
		齿形链（无声链）	
	输送链		用于运输机械驱动输送带等
	起重链		起重机械中提升重物
链轮	实心式		小直径链轮
	孔板式		中等直径的链轮
	组合式		大直径的链轮

三、链传动的特点

① 平均传动比准确。

② 能在高温、多尘、潮湿、有污染等恶劣环境中工作。

③ 效率较高，承载能力强。

④ 所需张紧力小，作用于轴与轴承上的力小。

⑤ 适用于与中心距较远的两轴平行间的传动。

⑥ 安装与维护要求较高。

四、链传动的安装与维护

1. 安装要求

① 两轮回转平面应在同一垂直平面内。

② 链条适度张紧。

2. 维护要求

① 链条的张紧。如果链条松弛度不大，可以扩大中心距；如果链条下垂度太大，可采用拆减链节的方法张紧。

② 润滑。链传动应人工定期润滑，延长其使用寿命。

③ 防护。链传动最好加装封闭护罩，满足安全、防尘、清洁环境等需要。

一、套筒滚子链的组成与接头形式

1. 组成

套筒滚子链由内链板、外链板、销轴、套筒和滚子 5 部分组成。各部分的相互关系如下表所示。

相 互 关 系	配 合 名 称	作　用
内链板与套筒	过盈配合	组成内链节
外链板与销轴		组成外链节
销轴与套筒	间隙配合	当链节屈伸时，使内、外链节之间能够相对转动
套筒与滚子		当链条与链轮进入或脱离啮合时，滚子可在链条上滚动，减少了链条与链轮齿的磨损

2. 接头形式

套筒滚子链的接头形式有开口销、弹性锁片、过渡链节等。其中开口销用于大节距偶数链节的连接；弹性锁片用于小节距偶数链节的连接；过渡链节用于奇数链节的连接，承载能力较弱。

二、套筒滚子链的标记

套筒滚子链已标准化，标记为

链号—排数×链节数　　　标准编号

例如，08A—1×87　　GB/T 1243—1997

为 A 系列、节距 $p = 12.7\text{mm}$，单排，87 节。

 例题解析

例 1：链传动能在高速、重载、高温、多尘、有污染等恶劣环境中工作。（　　　）

分析：本题考查链传动的工作特点。链传动能在重载、高温、多尘、有污染等恶劣环境中工作，但不能用于高速，因为瞬时链速和瞬时传动比不是常数，因此传动平稳性较差，工作中有一定的冲击和噪声。

解答：本题答案为"错"。

例 2：套筒滚子链中组成的零件间为过盈配合的是（　　　）。

　　　A. 销轴与外链板　　　　　　　　B. 销轴与内链板

　　　C. 销轴与套筒　　　　　　　　　D. 套筒与滚子

分析：本题考查套筒滚子链的各组成部分间的关系。形成过盈配合的有销轴与外链板、套筒与内链板。

解答：本题答案为 A。

 习题解答

1.（略）

 提示　传动比公式为 $i_{12} = \dfrac{n_1}{n_2} = \dfrac{z_2}{z_1}$。

2. 相同点：

两轴线平行，带轮与链轮的回转平面应布置在同一垂直平面内。

不同点：

链条张紧方法是通过拆减链节的方法，而带轮是通过调整中心距和使用张紧轮。

链传动应人工定期润滑，而带轮与带不能润滑。

3.（略）

4.（略）

 知识测评

一、填空题

1. 链传动是由_____和_____组成的传递运动和动力的装置，它属于_____副传动装置。

2. 链传动按用途不同，常用的链条可分为_____、_____和_____。

3. 传动链有_____和_____两种类型。传递功率较大时可选用多排链，其排数常为_____。

4. 套筒滚子链的接头形式有_____、_____和_____。

5. 当要求链传动速度高而噪声小时，宜选用_____。

6. _____是组成链条的基本结构单元。

7. 链传动与带传动比较，能保证_____的平均传动比，传递效率_____，作用在轴与轴套上的力较小。

8. 套筒滚子链中有两组过盈配合，它们分别是_____与_____；_____与_____的配合。

9. 链传动安装时，两链轮的回转平面应布置在_____内，否则容易脱链。

10. 链传动最好加装_____，满足安全、清洁环境、防尘、减小噪声、润滑等需要。

二、判断题

1. 链传动的承载能力与链的排数与正比，为避免受载不均匀，排数一般不超过4排。（　　　）

2. 链传动能在高速、重载和高温条件下，以及尘土飞扬、淋水等不良环境中工作。（　　　）

3. 链传动能保证准确的瞬时传动比。（　　　）

4. 链传动一般是传动系统的最高级。（　　　）

5. 链传动主动链轮转速与从动链轮的转速之比必保持恒定。（　　　）

6. 带传动和链传动都利用中间挠性件传动。（　　　）

7. 齿形链具有不易磨损，传动平稳，传动速度高，噪声小等特点。（　　　）

8. 链条的铰链磨损后，使链条节距变大，易造成脱链现象。（　　　）

9. 链轮齿数不宜过多或过少，通常链轮最小齿数 $z_{min} \geq 9$。（　　　）

10. 链节距过大会降低承载能力，但运动平稳性较好。（　　　）

三、选择题

1. 链传动的类型中，常用于一般机械的是（　　　）。

    A. 传动链　　　　　B. 起重链　　　　　　C. 输送链　　　　　　D. 驱动链

2. 链传动中，当要求传动速度高和噪声小时，宜选用（　　　）。

    A. 驱动链　　　　　B. 齿形链　　　　　　C. 起重链　　　　　　D. 套筒滚子链

3. 自行车的链条属于（　　　）。

    A. 牵引链　　　　　B. 起重链　　　　　　C. 传动链　　　　　　D. 以上都不对

4. 套筒滚子链中的（　　　）组成间隙配合。

    A. 套筒与外链板　　　B. 销轴与外链板　　　C. 销轴与内链板　　　D. 销轴与套筒

5. 链节数为偶数，链节距较小时，链的接头形式为（　　　）。

    A. 弹性锁片　　　B. 过渡链节　　　C. 开口销　　　D. 都可以

6. 当要求在两轴相距较远，工作恶劣的情况下传递较大功率，宜选用（　　　）。

    A. 平带传动　　　B. 链传动　　　C. V 带传动　　　D. 同步带传动

7. 为了链轮的轮齿应有足够的接触强度和耐磨性，常采用的材料是（　　　）。

    A. 中碳钢　　　　　　　　　　　B. 低碳钢或低碳合金钢

    C. 高碳钢　　　　　　　　　　　D. 铸钢

8. 为了避免两链轮的直径相差太大，一般 $i \leqslant$（　　　）。

    A. 8　　　B. 3　　　C. 7　　　D. 5

9. 24A—2×60GB1243.1 中的 60 表示（　　　）。

    A. 节距　　　B. 排数　　　C. 链节数　　　D. 长度

10. 链传动的传动效率（　　　）带传动的传动效率。

    A. 远大于　　　B. 远小于　　　C. 近似等于　　　D. 不能确定

四、名词解释

1. 链传动

2. 链节距

五、简答题

已知一链传动装置，试回答下列问题。

（1）在链条张紧过程中，如果链条松弛度不大，可以_____，使链条张紧。如果链条下垂度太大，可采用_____的方法张紧。

（2）链传动是以_____作为中间挠性件，依靠两链轮与链条之间的_____，实现运动与动力的传递。

六、计算题

观察一变速自行车，回答下列问题。

（1）清点主、从动配对链轮齿数，填入下表。

序　号	z_1	z_2
1		
2		
3		
4		
5		

（2）当人驱动主动链轮的转速不变时，从动链轮可以获得_____种转速。

（3）求出上述配对链传动中的 $i_{max} =$ _____，$i_{min} =$ _____。

知识测评参考答案：

一、填空题

1. 链条　链轮　高

2. 传动链 输送链 起重链

3. 滚子链 齿形链 2～4

4. 开口销 弹性锁片 过渡链节

5. 齿形链

6. 链节

7. 准确 高

8. 内链板 套筒 外链板 销轴

9. 同一垂直平面

10. 封闭护罩

二、判断题

1. 对 2. 对 3. 错 4. 错 5. 错 6. 对 7. 错 8. 对 9. 对 10. 错

三、选择题

1. A 2. B 3. C 4. D 5. A 6. B 7. B 8. A 9. C 10. A

四、名词解释

1. 链传动是由链条与链轮组成的传递运动和动力的装置。

2. 链节距是指链条相邻两滚子中心间的距离。

五、简答题

答：（1）扩大中心距 拆减链节

（2）链条 啮合力

六、计算题

答案：（1）略。

提示：（2）转速种数：主动链轮个数×从动链轮个数

$$（3）i_{max} = \frac{z_{2max}}{z_{1min}} \qquad i_{min} = \frac{z_{2min}}{z_{1max}}$$

第三节 齿 轮 传 动

 知识要求

知 识 点	要 求
齿轮传动的特点、类型和基本要求	能说出齿轮传动的特点、类型和基本要求
*齿轮传动的正确啮合条件和连续传动条件	知道齿轮传动的正确啮合条件和连续传动条件
*齿轮传动精度	了解齿轮传动的精度
直齿圆柱齿轮的主要参数和几何尺寸计算	会计算直齿圆柱齿轮的几何尺寸
*齿轮的根切现象和变位齿轮	了解齿轮根切的原因，知道齿轮的加工方法
齿轮的常用材料和失效、齿轮传动的维护	了解齿轮的常用材料，知道齿轮常见失效形式和预防措施，会对齿轮传动进行正确维护

第四章 机械传动

 知识重点难点精讲

一、齿轮传动的特点、类型和基本要求

1. 齿轮传动的特点

① 能保证瞬时传动比恒定，传动平稳，传递运动准确可靠。

② 传动效率高，使用寿命长。

③ 适用的功率、速度和尺寸范围大。

④ 制造安装要求高，工作时有噪声，不能实现无级变速，不适宜中心距较大的场合。

2. 齿轮传动的类型

分类依据	类型
轴的相对位置	平面齿轮传动（平行轴）、空间齿轮传动（相交轴、交错轴）
分度曲面	圆柱齿轮传动、圆锥齿轮传动
齿廓曲线	渐开线齿轮传动、摆线齿轮传动、圆弧齿轮传动
齿线形状	直齿齿轮传动、斜齿齿轮传动、曲线齿齿轮传动
工作条件	闭式齿轮传动、开式齿轮传动、半开半闭式齿轮传动
啮合方式	外啮合齿轮传动、内啮合齿轮传动、齿轮齿条传动
齿面硬度	软齿面齿轮传动、硬齿面齿轮传动
工作速度	低速（$v < 3\text{m/s}$）、中速（$v = 3 \sim 5\text{m/s}$）、高速（$v > 15\text{m/s}$）

3. 齿轮传动基本要求

从传递运动和动力两个方面来考虑，齿轮传动应满足下列两个基本要求。

① 传动要平稳（$i_{瞬}$恒定）。

② 承载能力要高（用较小的尺寸传递较大载荷）。

4. 齿轮传动的传动比

$$i_{12} = \frac{\omega_1}{\omega_2} = \frac{n_1}{n_2} = \frac{z_2}{z_1}$$

二、齿轮传动的正确啮合条件和连续传动条件

1. 正确啮合条件

基圆齿距相等，即

$$p_{b1} = p_{b2}$$

对于标准直齿圆柱齿轮可表示为

$$m_1 = m_2 = m, \quad \alpha_1 = \alpha_2 = 20°$$

2. 连续传动条件

$$\varepsilon = \frac{\overline{k_1 k_2}}{p_b} \geq 1$$

式中：ε——重合度；

$\overline{k_1 k_2}$——实际啮合线长度；

p_b——基圆齿距。

或 $$\varepsilon = \frac{\varphi}{\tau} \geq 1$$

式中：ε——重合度；

　　φ——作用角；

　　τ——齿距角。

重合度 ε 越大，齿轮传动越平稳。对于一般齿轮传动，连续传动的条件是 $\varepsilon \geq 1.2$；对于直齿圆柱齿轮（$\alpha = 20°$，$h_a^* = 1$）来说，$1 < \varepsilon < 2$。

三、齿轮传动精度

齿 轮 精 度	齿轮的精度等级	说 明	应 用
运动精度	Ⅰ组（影响传递运动的准确性）	一转内转角误差	精密仪表和设备
工作平稳性精度	Ⅱ组（影响运动的平稳性）	瞬时传动比变化	高速传动齿轮
接触精度	Ⅲ组（影响载荷分布的均匀性）	接触斑点占整个齿面比例	低速重载齿轮
齿轮副侧隙	与齿轮精度等级无关	齿厚极限偏差	

国标对渐开线齿轮及其齿轮副规定了 12 个精度等级，第 1 级精度最高，第 12 级最低，第 7 级为基础等级。

四、直齿圆柱齿轮的主要参数和几何尺寸计算

（一）直齿圆柱齿轮的主要参数

1. 齿数 z

模数 m 一定时，齿数 z 越大，齿轮的几何尺寸越大。

2. 模数 m

$$m = \frac{p}{\pi}$$

模数是一个有单位（mm）的有理数（人为规定）。

模数越大，齿轮轮齿越大，轮齿的承载能力越大；当齿数一定时，模数越大，齿轮的几何尺寸越大。

3. 齿形角 α

齿形角是端面齿廓上一点的径向直线与切线所夹的锐角。通常所说的齿形角是指分度圆上的齿形角。

$$\cos\alpha = \frac{r_b}{r}$$

式中：α——分度圆上的齿形角；

　　r_b——基圆半径；

　　r——分度圆半径。

标准规定齿轮分度圆上的齿形角 $\alpha = 20°$。分度圆齿形角取值不同影响齿形（$\alpha > 20°$ → "顶尖根宽"，承载能力强，但传动费力；$\alpha < 20°$ → "顶宽根窄"，承载能力弱，但传动省力）。

综合考虑齿轮副的传动性能和轮齿的承载能力，我国规定渐开线圆柱齿轮分度圆上的齿形角

等于 20°。

（二）直齿圆柱齿轮的几何尺寸计算

1. 标准直齿轮

采用标准模数 m，齿形角 α=20°，齿顶高系数 h_a^*=1，顶隙系数 c^*=0.25，端面齿厚 s 等于端面齿槽宽 e 的渐开线直齿圆柱齿轮，简称标准直齿轮。

2. 标准直齿轮几何尺寸的计算公式（单个齿轮指外齿轮，齿轮啮合指外啮合的情况）

名称及代号	计 算 公 式	正常齿制（h_a^*=1，c^*=0.25）	短齿制（h_a^*=0.8，c^*=0.3）
齿距（p）	$p=\pi m$	$p=\pi m$	$p=\pi m$
齿厚（s）	$s=\dfrac{p}{2}=\dfrac{\pi m}{2}$	$s=\dfrac{p}{2}=\dfrac{\pi m}{2}$	$s=\dfrac{p}{2}=\dfrac{\pi m}{2}$
槽宽（e）	$e=s=\dfrac{p}{2}=\dfrac{\pi m}{2}$	$e=s=\dfrac{p}{2}=\dfrac{\pi m}{2}$	$e=s=\dfrac{p}{2}=\dfrac{\pi m}{2}$
基圆齿距（p_b）	$p_b=p\cos\alpha=\pi m\cos\alpha$	$p_b=\pi m\cos20°$	$p_b=\pi m\cos20°$
齿顶高（h_a）	$h_a=h_a^*m$	$h_a=m$	$h_a=0.8m$
齿根高（h_f）	$h_f=h_a+c=(h_a^*+c^*)m$	$h_f=1.25\,m$	$h_f=1.1m$
齿高（h）	$h=h_a+h_f=(2h_a^*+c^*)m$	$h=2.25\,m$	$h=1.9\,m$
顶隙（c）	$c=c^*m$	$c=0.25m$	$c=0.3m$
分度圆直径（d）	$d=mz$	$d=mz$	$d=mz$
基圆直径（d_b）	$d_b=d\cos\alpha=mz\cos\alpha$	$d_b=mz\cos20°$	$d_b=mz\cos20°$
齿顶圆直径（d_a）	$d_a=d+2h_a=(z+2h_a^*)m$	$d_a=(z+2)m$	$d_a=(z+1.6)m$
齿根圆直径（d_f）	$d_f=d-2h_f=(z-2h_a^*-2c^*)m$	$d_f=(z-2.5)m$	$d_f=(z-2.2)m$
齿宽（b）	$b=(6\sim12)m$，通常 $b=10m$	$b=(6\sim12)m$	$b=(6\sim12)m$
中心距（a）	$a=\dfrac{d_1}{2}+\dfrac{d_2}{2}=\dfrac{m(z_1+z_2)}{2}$	$a=\dfrac{m(z_1+z_2)}{2}$	$a=\dfrac{m(z_1+z_2)}{2}$

五、齿轮的根切现象和变位齿轮

（一）渐开线齿轮的加工

比较项目 \ 方法	仿 型 法	展 成 法
原理	成型铣刀加工	齿轮的啮合原理
机器	普通铣床	专用插齿、滚齿和磨齿机床
特点	逐齿切削且不连续，精度效率低	同一模数和齿形角的不同齿数的齿轮可用同一把刀具，加工连续，精度和效率高
应用	单件生产和精度要求不高的齿轮	批量生产和精度要求较高的齿轮
备注	齿数不足用于传动时会产生轮齿干涉现象	齿数不足时加工将产生根切现象

（二）齿轮的根切现象和最少齿数

1. 根切现象

用展成法加工标准渐开线齿轮时，若被加工齿轮的齿数太少，会出现齿轮刀具的顶部切入到轮齿的根部，使轮齿的根部渐开线齿廓被切去一部分，这种现象称为根切现象。

2. 根切后果

齿轮强度削弱，重合度减小，平稳性变差。

3. 根切原因

刀具的齿顶超过了啮合线与轮坯基圆的切点。

4. 不产生根切的最少齿数

齿 轮 传 动		蜗杆蜗轮传动	
正常齿制	短齿制	$z_1 = 1$	$z_1 > 1$
$z_{min} = 17$	$z_{min} = 14$	$z_{min} = 18$	$z_{min} = 27$

（三）变位齿轮的加工

正变位齿轮	负变位齿轮
刀具基准平面与被加工齿轮的分度圆柱面相离	刀具基准平面与被加工齿轮的分度圆柱面相割
$x > 0$	$x < 0$
齿厚 s 大于槽宽 e，齿顶变尖，齿根厚度增大，轮齿强度提高	齿厚 s 小于槽宽 e，齿顶变宽，齿根厚度减小，轮齿强度降低，会引起根切或使根切加剧

六、齿轮的常用材料和失效、齿轮传动的维护

1. 齿轮常用材料

齿轮材料的正确选用是保证齿轮使用寿命和正常工作的环节，其要求如下。

① 轮齿表面层有足够的硬度和高的耐磨性。

② 在变载、冲击载荷下，齿根处应有足够的抗弯强度。

③ 经过各种加工和热处理后，能达到所需要的精度和机械性能。齿轮常用各种锻钢、铸钢、铸铁和有色金属等材料制造。

2. 齿轮的失效

① 齿轮有 5 种主要失效形式：轮齿折断、齿面点蚀、齿面磨损、齿面胶合和齿面塑变。

闭式齿轮传动的主要失效形式是齿面点蚀和齿面胶合。开式齿轮传动的主要失效形式是齿面磨损和齿根折断。闭式蜗杆传动的主要失效形式是齿面点蚀和齿面胶合。开式蜗杆传动的主要失效形式是齿面磨损和齿面胶合。

② 齿轮强度计算：其方法由失效形式决定，对于一般闭式齿轮传动，目前只进行齿面接触疲劳强度和齿根弯曲疲劳强度计算。

3. 齿轮传动的维护

齿轮传动的维护主要从齿轮传动的安装、试运行、润滑和检修几个方面考虑。

知识拓展

一、渐开线齿廓

（一）渐开线的形成

在平面上一条动直线（发生线）沿着一个固定的圆（基圆）作纯滚动时，此动直线上一点的轨迹，称为圆的渐开线。

以渐开线作为齿廓曲线的齿轮称为渐开线齿轮。渐开线齿轮的齿廓是由同一基圆的两条相反（对称）的渐开线组成的。

（二）渐开线的性质

1．两种长度的关系

① 发生线在基圆上滚过的线段长等于基圆上被滚过的弧长。

② 同一基圆形成的任意两条反向渐开线间的公法线长度处处相等。

2．3种参数的分布规律

① 渐开线上任一点的法线必切于基圆，渐开线上各点的曲率半径不相等。愈接近基圆曲率半径愈小，渐开线愈弯曲。

② 渐开线的形状取决于基圆大小。基圆愈大渐开线愈平直，当基圆半径无穷大时，渐开线成为直线，基圆内无渐开线。

③ 渐开线上各点齿形角不等。离基圆愈近齿形角愈小，基圆上的齿形角等于零。

例： 与计算有关的一个直角三角形（见图4-3-1）。

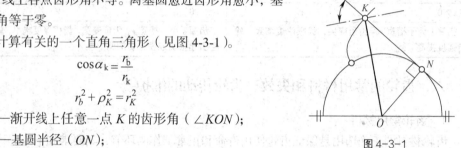

$$\cos\alpha_k = \frac{r_b}{r_k}$$

$$r_b^2 + \rho_K^2 = r_K^2$$

式中：α_k——渐开线上任意一点K的齿形角（$\angle KON$）；

r_b——基圆半径（ON）；

r_k——渐开线上任意一点k的向径（OK）；

ρ_k——渐开线上任意一点K的曲率半径（KN）。

图4-3-1

（三）渐开线齿廓的啮合特性

1．啮合术语

啮合术语只有在一对齿轮啮合时才存在。

① 啮合线：啮合点运动的轨迹，也是两基圆的内公切线。

② 节点P：啮合线与两齿轮中心连线的交点。

③ 节圆：过节点所作的圆。

④ 啮合角：节点处的齿形角。

2．啮合特性

① 瞬时传动比恒定。通过两齿轮在节点P的线速度相等，推得出两轮角速度与基圆半径成反比，从而判定该特性成立，使传动准确、平稳。

② 传动（或中心距）可分离性。即$a' > a$时不影响传动比的大小。此时节圆大于分度圆$r' > r$，啮合角大于齿形角$\alpha' > \alpha$，重合度ε降低，平稳性变差。

③ 齿廓间具有相对滑动。

二、内啮合标准直齿圆柱齿轮传动和齿轮齿条传动的几何尺寸计算

（一）内啮合标准直齿圆柱齿轮传动的几何尺寸计算

1．内齿轮与外齿轮的特点不同之处

① 内齿轮的齿廓是内凹的，外齿轮的齿廓是外凸的。

② 内齿轮的齿顶圆在分度圆之内，齿根圆在它的分度圆之外。

③ 为了使内齿轮齿顶两侧齿廓全部为渐开线，齿顶圆必须大于齿轮的基圆。

2. 内齿轮与外齿轮的计算不同之处

名称及代号	计 算 公 式	正常齿制（h_a^*=1, c^*=0.25）	短齿制（h_a^*=0.8, c^*=0.3）
齿顶圆直径（d_a）	$d_a = d-2 h_a = (z-2 h_a^*) m$	$d_a = (z-2) m$	$d_a = (z-1.6) m$
齿根圆直径（d_f）	$d_f = d+2 h_f = (z+2 h_a^*+2 c^*) m$	$d_f = (z+2.5) m$	$d_f = (z+2.2) m$

3. 内啮合齿轮副与外啮合齿轮副的计算不同之处

$$a = \frac{d_2}{2} - \frac{d_1}{2} = \frac{m(z_2 - z_1)}{2}$$

式中，z_1 和 z_2 分别为小齿轮和大齿轮的齿数。

内啮合齿轮传动两轮转向相同，外啮合齿轮传动两轮转向相反。内啮合齿轮副是由一个外齿轮和一个内齿轮相互啮合组成的，并且小齿轮为外齿轮，大齿轮为内齿轮，计算单个齿轮的几何尺寸时一定要分别按内齿轮和外齿轮的计算公式进行计算。

（二）齿轮齿条传动的几何尺寸计算

1. 齿条与齿轮的特点不同之处

① 齿条齿廓上各点的齿形角均相等，为标准值20°。

② 齿条齿顶线、齿根线、分度线等不同高度上的齿距均相等，$p = \pi m$。

③ 能实现齿轮的回转运动和齿条的往复直线运动间的相互转化。

2. 齿条副的计算

① 齿条的移速计算。

$$v = n_1 \pi d_1 = n_1 \pi m z_1$$

式中：v——齿条的移动速度，单位为 mm/min；

$\quad n_1$——齿轮的转速，单位为 r/min；

$\quad d_1$——齿轮分度圆直径，单位为 mm；

$\quad m$——齿轮的模数，单位为 mm；

$\quad z_1$——齿轮的齿数。

② 齿条的移距计算。

$$L = N_1 \pi d_1 = N_1 \pi m z_1$$

式中：N_1——齿轮回转的圈数，单位为 r；

$\quad d_1$——齿轮分度圆直径，单位为 mm；

$\quad m$——齿轮的模数，单位为 mm；

$\quad z_1$——齿轮的齿数。

三、变位齿轮传动

高度变位齿轮传动	角度变位齿轮传动	
	正角度变位齿轮传动	负角度变位齿轮传动
$x_1+x_2 = 0$	$x_1+x_2 > 0$	$x_1+x_2 < 0$
$a' = a$	$a' > a$	$a' < a$

续表

高度变位齿轮传动	角度变位齿轮传动	
	正角度变位齿轮传动	负角度变位齿轮传动
$\alpha' = \alpha$	$\alpha' > \alpha$	$\alpha' < \alpha$
啮合线与节点位置不变	啮合线与节点位置改变	
	节圆与分度圆不重合	
分度圆上的齿厚与齿槽宽、齿顶高与齿根高变化，齿高不变	齿高也变化，可凑配中心距	
小齿轮要采用正变位，大齿轮采用负变位，使两齿轮强度与使用寿命接近	可提高轮齿的强度和减轻齿根处的相对滑动磨损，应用广泛	轮齿强度减弱，并须防止根切，只有在凑配中心距小于标准中心距时才使用

 例题解析

例 1：模数相同的齿轮，如果齿数较少，齿轮的几何尺寸_____，齿形_____，齿轮的承载能力_____。

分析：本题考查的知识点是齿数的多少对齿轮的几何尺寸和齿形的影响。m 相同，z 减小，d_b 减小，渐开线变弯曲，承载能力减小。

解答：减小；变弯曲；降低。

例 2：标准齿轮中，齿形角 $\alpha > 20°$ 的位置在（   ）。

  A. 分度圆上   B. 分度圆与基圆之间

  C. 齿根圆与分度圆之间   D. 齿顶圆与分度圆之间

分析：本题考查的知识点是渐开线上齿形角的性质。渐开线上各点齿形角是不相等的，越远离基圆，齿形角越大，分度圆上齿形角为 20°，基圆上齿形角为 0°。

解答：D。

例 3：已知一对标准直齿圆柱齿轮传动。其传动比 $i_{12} = 3$，主动轮转速 $n_1 = 600\text{r/min}$，$r_{a1} = 44\text{mm}$，$r_{f2} = 115\text{mm}$，$\cos 20° = 0.94$。求 n_2、z_2、m、d_{b1}、d_{f1}、d_{a2} 及中心距 a。

分析：本题考查的知识点是标准直齿轮的几何尺寸计算，解题的关键是要准确记忆公式。

解答：$i_{12} = \dfrac{n_1}{n_2} = \dfrac{600}{n_2} = 3 \Longrightarrow n_2 = 200\text{r/min}$

$$\begin{cases} r_{a1} = \dfrac{1}{2}m(z_1+2) \\ r_{f2} = \dfrac{1}{2}m(z_2-2.5) \\ i_{12} = \dfrac{z_2}{z_1} \end{cases} \Longrightarrow \begin{cases} 44 = \dfrac{1}{2}m(z_1+2) \\ 115 = \dfrac{1}{2}m(z_2-2.5) \\ z_2 = 3z_1 \end{cases} \Longrightarrow \begin{cases} m = 4\text{mm} \\ z_1 = 20 \\ z_2 = 60 \end{cases}$$

$d_{b1} = mz_1\cos\alpha = 4 \times 20 \times 0.94 = 75.2 \text{ mm}$

$d_{f1} = m(z_1-2.5) = 4 \times (20-2.5) = 70 \text{ mm}$

$d_{a2} = m(z_2+2) = 4 \times (60+2) = 248 \text{ mm}$

$a = \dfrac{1}{2}m(z_1+z_2) = 2 \times (20+60) = 160 \text{ mm}$

习题解答

1. 解：$p = \pi m = 3.14 \times 5 = 15.7\text{mm}$

    $d = mz = 5 \times 40 = 200\text{mm}$

    $d_a = m(z+2) = 5 \times (40+2) = 210\text{mm}$

    $d_f = m(z-2.5) = 5 \times (40-2.5) = 187.5\text{mm}$

2. 解：因为 $i = \dfrac{z_2}{z_1} = 4$ 所以 $z_2 = 4z_1$

    因为 $a = \dfrac{m}{2}(z_1+z_2) = 200$ 所以 $a = \dfrac{m}{2}(z_1+4z_1) = 200$ $mz_1 = 80$

    可以选取 $m = 5\text{mm}$，$z_1 = 16$，$z_2 = 64$。

3. $P_{b1} = P_{b2}$

4. 见表

失效形式	产生原因	发生部位与后果	预防措施	备　注
轮齿点蚀	脉动循环的接触应力→齿面产生微裂纹，在齿轮的挤压下润滑油压上升→裂纹扩展，小块金属剥落→小坑	靠近节线的齿根面上工作表面被破坏；传动不平稳；产生噪声	选用合适材料；提高齿面硬度；使齿面接触应力不超过材料的许用应力值	闭式传动
齿面磨损	啮合齿面间的相对滑动摩擦而产生磨损	齿面损坏，加大侧隙；引起传动不平稳和冲击	采用闭式传动；清洁润滑；提高硬度；减小接触应力	开式传动
齿面胶合	高速重载时散热不好，低速重载时，压力过大，使油膜破坏，金属熔焊在一起而发生胶合	靠近节线的齿顶面；上面强烈磨损和发热，很快导致齿轮失效	低速：粘度大的润滑油；高速：活性润滑油；大小两轮选择不同材料	
轮齿折断	变载（疲劳、过载）	传动不能正常进行，甚至造成重大事故	齿根弯曲应力的最大值不超过材料的许用应力值；选择适当的模数和齿宽；采用合适材料及热处理方法；减小齿根应力集中	开式传动 闭式传动（硬齿面）
塑性变形	较软轮面的齿轮在频繁起动和严重过载时，由于齿面很大压力和摩擦力作用使齿面金属产生局部塑性变形	主动轮齿面形成凹沟，从动轮齿面形成凸棱	提高齿面硬度；选用粘度较高的润滑油；避免频繁起动和过载	

5. （略）

6. 润滑油与润滑脂的主要用途都是润滑，但润滑脂更适用于低转速、宽温度范围、苛刻环境下、长换油周期等条件下的润滑。

 知识测评

一、填空题

1. 齿轮传动能保证瞬时传动比_____，平稳性_____，传递运动_____而可靠。

2. 根据两传动轴相对位置的不同，齿轮传动可分成_____，_____和_____3种。

3. 对齿轮传动的基本要求是_____和_____。

4. 齿轮传动的效率_____，寿命_____，传递的功率_____。

5. 当要求结构紧凑，且两轮转向相同时，应采用＿＿＿＿＿＿＿齿轮转动。

6. 按齿轮的啮合方式不同，圆柱形齿轮可以分为＿＿＿＿＿＿＿齿轮传动、＿＿＿＿＿＿＿齿轮传动和＿＿＿＿＿＿＿传动。

7. 从＿＿＿＿＿＿＿和＿＿＿＿＿＿＿两方面来考虑，齿轮传动应满足传动要平稳和承载能力强的两个基本要求。

8. 两齿轮啮合传动时，其角速度与＿＿＿＿＿＿＿成反比，所以瞬时传动比恒定。

9. 对于渐开线齿轮，通常所说的齿形角是指＿＿＿＿＿＿＿上的齿形角，该齿形角已标准化，规定用符号＿＿＿＿＿＿＿表示，且等于＿＿＿＿＿＿＿。

10. 基圆＿＿＿＿＿＿＿，渐开线的特点完全相同。基圆越小，渐开线越＿＿＿＿＿＿＿；基圆越大，渐开线越趋＿＿＿＿＿＿＿，基圆内＿＿＿＿＿＿＿产生渐开线。

11. 渐开线齿轮的齿形是由两条＿＿＿＿＿＿＿的渐开线作齿廓而组成。

12. 当基圆半径趋于无穷大，渐开线即＿＿＿＿＿＿＿。

13. 渐开线上各点的压力角＿＿＿＿＿＿＿，越远离基圆压力角＿＿＿＿＿＿＿，基圆上的压力角为＿＿＿＿＿＿＿。

14. 渐开线某点的＿＿＿＿＿＿＿方向与＿＿＿＿＿＿＿方向所夹锐角，称为该点的齿形角。

15. 渐开线齿廓上齿形角为零的点应在＿＿＿＿＿＿＿圆上。

16. 基圆半径为 30mm 的渐开线，在线上距中心 50mm 处点的曲率半径是＿＿＿＿＿＿＿mm，则渐开线上该点的压力角的大小等于＿＿＿＿＿＿＿（用反三角函数表示）。

17. 齿轮分度圆上＿＿＿＿＿＿＿的大小，对轮齿的形状有影响，当分度圆半径 r 不变时，＿＿＿＿＿＿＿减小，齿轮基圆半径 r_b 增大，轮齿齿顶变宽，齿根变瘦，其承载能力＿＿＿＿＿＿＿，传动＿＿＿＿＿＿＿。

18. 以两齿轮的回转中心为圆心，过节点所作的两相切圆称为＿＿＿＿＿＿＿。

19. 在标准中心距 a 条件下啮合的一对标准齿轮，其＿＿＿＿＿＿＿与分度圆重合，＿＿＿＿＿＿＿和齿形角相等。

20. 两齿轮点啮合的轨迹称为＿＿＿＿＿＿＿，即两＿＿＿＿＿＿＿的内公切线。

21. 直齿圆柱齿轮传动中，只有当两个齿轮的＿＿＿＿＿＿＿和＿＿＿＿＿＿＿都相等时，这两个齿轮才能啮合。

22. 齿轮啮合传动时，总作用角与齿距角的比值称为＿＿＿＿＿＿＿，ε 越大，说明同时进入啮合的轮齿对数越＿＿＿＿＿＿＿，齿轮传动越＿＿＿＿＿＿＿。

23. 齿轮传动的重迭系数 ε_a 等于＿＿＿＿＿＿＿$k_1 k_2$ 与＿＿＿＿＿＿＿P_b 之比。重迭系数越大，表征同时进入啮合的轮齿对数越＿＿＿＿＿＿＿。

24. 直齿圆柱齿轮几何尺寸计算的 3 个主要参数是＿＿＿＿＿＿＿、＿＿＿＿＿＿＿和齿数。

25. 模数 m 是＿＿＿＿＿＿＿之比（取有理数）。模数愈大，齿轮的轮齿愈＿＿＿＿＿＿＿。

26. 标准直齿圆柱齿轮几何尺寸计算的"三高"中，＿＿＿＿＿＿＿高等于标准模数。

27. 标准直齿圆柱齿轮尺寸计算的"四圆"中，＿＿＿＿＿＿＿圆为设计、计算基准圆。

28. 已知一标准直齿圆柱齿轮，齿数 $z = 50$，全齿高 $h = 22.5$mm，则模数 $m =$＿＿＿＿＿＿＿ $d_a =$＿＿＿＿＿＿＿。

29. 已知一标准直齿圆柱齿轮的齿距 $p = 18.84$mm，分度圆直径 $d = 288$mm，则齿轮的齿数 $z =$＿＿＿＿＿＿＿，齿顶圆直径 $d_a =$＿＿＿＿＿＿＿。

30. 一对标准直齿圆柱齿轮传动，$i_{12} = 3$，$n_1 = 600$r/min，中心距 $a = 168$mm，模数 $m = 4$mm，则 $n_2 =$＿＿＿＿＿＿＿，$z_1 =$＿＿＿＿＿＿＿，$z_2 =$＿＿＿＿＿＿＿。

31. 已知一标准直齿圆柱齿轮，$P = 25.12$mm，$d = 360$mm 则 $z =$ _____，$da =$ _____。

32. 已知一标准直齿圆柱齿轮的齿数 $z = 72$，全齿高 $h = 18$mm，则齿轮的模数 $m =$ _____，分度圆直径 $d =$ _____，齿顶圆直径 $d_a =$ _____，齿根圆直径 $d_f =$ _____。

33. 已知相啮合的一对标准直齿圆柱齿轮传动，$n_1 = 900$r/min，$n_2 = 300$r/min，$a = 200$mm，$m = 5$mm，则 $z_1 =$ _____，$z_2 =$ _____。

34. 一标准直齿圆柱齿轮副，已知 $z_1 = 26$，$z_2 = 91$，中心距 $a = 432$mm，则两齿轮分度圆直径 $d_1 =$ _____，$d_2 =$ _____。

35. 一齿轮传动，主动轮齿数 $z_1 = 32$，从动轮齿数 $z_2 = 80$，则传动比 i = _____。若主动轮转速 $n_1 = 1\,200$r/min，则从动轮转速，$n_2 =$ _____。

36. 一对标准直齿圆柱齿轮传动，齿距 $p = 6.28$mm，中心距 $a = 160$mm，传动比 $i = 3$，则 $z_1 =$ _____，$z_2 =$ _____。

37. 一对相啮合的标准直齿圆柱齿轮传动，已知主动轮转速 $n_1 = 1\,280$r/min，从动轮转速 $n_2 = 320$r/min，中心距 $a = 315$mm，模数 $m = 6$mm，则两齿轮齿数 $z_1 =$ _____，$z_2 =$ _____。

38. 标准齿条的特点是：不同高度上的齿距_____，其值为_____；不同高度上的压力角_____，其值为_____。

39. 齿轮齿条传动，主要用于把齿轮的_____运动转变为齿条的_____运动，也可以把运动的形式向相反转变。

40. 一齿轮齿条传动，已知齿轮的齿数为 40，模数为 3mm，转速为 200r/min，则齿条的移速为_____。

41. 齿轮的精度等级共分_____级，其中_____级最低。

42. 齿轮精度可以由 4 个方面组成：_____、_____、_____和_____。

43. 评定齿轮精度的指标分成Ⅰ、Ⅱ、Ⅲ公差组，第Ⅰ公差组主要影响_____，第Ⅱ公差组主要影响_____，第Ⅲ公差组主要影响_____。

44. 精密机床的分度机构，齿轮的精度侧重于_____。

45. 齿轮的加工方法就加工原理来说有_____和_____，其中精度和效率都较高的是_____，加工过程中可能发生根切现象的是_____。

46. 变位齿轮是_____齿轮。在加工齿坯时，因改变_____对齿坯的相对位置而切制成的。

47. 范成法加工正常标准直齿圆柱齿轮，正常齿制不产生根切的最少齿数为_____。

48. 正变位齿轮的齿厚 s_____，轮齿强度_____。

49. 在标准中心距条件下，为提高小齿轮的齿根抗弯强度，可采用_____变位齿轮传动，其变位系数和 $X_\Sigma =$ _____。

50. 齿轮常见的失效形式有_____、_____、_____、_____和_____。

51. 齿轮的轮齿点蚀绝大多数先发生在_____，齿面胶合一般首先发生在_____，塑性变形主动轮产生塑性变形后齿面沿节线处就形成_____，从动轮沿节线处形成_____。

52. 齿轮传动安装要求：保证齿轮与轴的_____，平行两轴的_____和相交两轴的角度公差。

53. 调配新齿轮的方法是_____配对齿轮或_____配对齿轮。

二、判断题

1. $z = 16$ 与 $z = 20$ 的齿轮相比，$z = 20$ 的齿轮的几何尺寸更大。（　　　）

2. 分度圆上压力角的变化，对齿廓的形状有影响。（　　　）

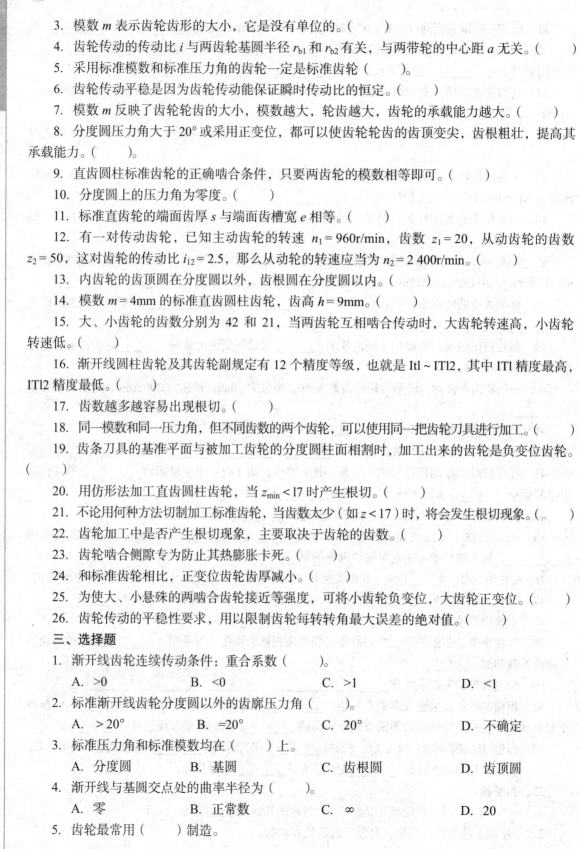

3. 模数 m 表示齿轮齿形的大小，它是没有单位的。（　　　）

4. 齿轮传动的传动比 i 与两齿轮基圆半径 r_{b1} 和 r_{b2} 有关，与两带轮的中心距 a 无关。（　　　）

5. 采用标准模数和标准压力角的齿轮一定是标准齿轮（　　　）。

6. 齿轮传动平稳是因为齿轮传动能保证瞬时传动比的恒定。（　　　）

7. 模数 m 反映了齿轮轮齿的大小，模数越大，轮齿越大，齿轮的承载能力越大。（　　　）

8. 分度圆压力角大于 $20°$ 或采用正变位，都可以使齿轮轮齿的齿顶变尖，齿根粗壮，提高其承载能力。（　　　）。

9. 直齿圆柱标准齿轮的正确啮合条件，只要两齿轮的模数相等即可。（　　　）

10. 分度圆上的压力角为零度。（　　　）

11. 标准直齿轮的端面齿厚 s 与端面齿槽宽 e 相等。（　　　）

12. 有一对传动齿轮，已知主动齿轮的转速 $n_1 = 960$ r/min，齿数 $z_1 = 20$，从动齿轮的齿数 $z_2 = 50$，这对齿轮的传动比 $i_{12} = 2.5$，那么从动轮的转速应当为 $n_2 = 2\,400$ r/min。（　　　）

13. 内齿轮的齿顶圆在分度圆以外，齿根圆在分度圆以内。（　　　）

14. 模数 $m = 4$ mm 的标准直齿圆柱齿轮，齿高 $h = 9$ mm。（　　　）

15. 大、小齿轮的齿数分别为 42 和 21，当两齿轮互相啮合传动时，大齿轮转速高，小齿轮转速低。（　　　）

16. 渐开线圆柱齿轮及其齿轮副规定有 12 个精度等级，也就是 Itl ~ IT12，其中 IT1 精度最高，IT12 精度最低。（　　　）

17. 齿数越多越容易出现根切。（　　　）

18. 同一模数和同一压力角，但不同齿数的两个齿轮，可以使用同一把齿轮刀具进行加工。（　　　）

19. 齿条刀具的基准平面与被加工齿轮的分度圆柱面相割时，加工出来的齿轮是负变位齿轮。（　　　）

20. 用仿形法加工直齿圆柱齿轮，当 $z_{\min} < 17$ 时产生根切。（　　　）

21. 不论用何种方法切制加工标准齿轮，当齿数太少（如 $z < 17$）时，将会发生根切现象。（　　　）

22. 齿轮加工中是否产生根切现象，主要取决于齿轮的齿数。（　　　）

23. 齿轮啮合侧隙专为防止其热膨胀卡死。（　　　）

24. 和标准齿轮相比，正变位齿轮齿厚减小。（　　　）

25. 为使大、小悬殊的两啮合齿轮接近等强度，可将小齿轮负变位，大齿轮正变位。（　　　）

26. 齿轮传动的平稳性要求，用以限制齿轮每转转角最大误差的绝对值。（　　　）

三、选择题

1. 渐开线齿轮连续传动条件：重合系数（　　　）。

　　A. >0　　　　　　　B. <0　　　　　　　C. >1　　　　　　　D. <1

2. 标准渐开线齿轮分度圆以外的齿廓压力角（　　　）。

　　A. > $20°$　　　　　B. = $20°$　　　　　C. $20°$　　　　　　D. 不确定

3. 标准压力角和标准模数均在（　　　）上。

　　A. 分度圆　　　　　B. 基圆　　　　　　C. 齿根圆　　　　　D. 齿顶圆

4. 渐开线与基圆交点处的曲率半径为（　　　）。

　　A. 零　　　　　　　B. 正常数　　　　　C. ∞　　　　　　　D. 20

5. 齿轮最常用（　　　）制造。

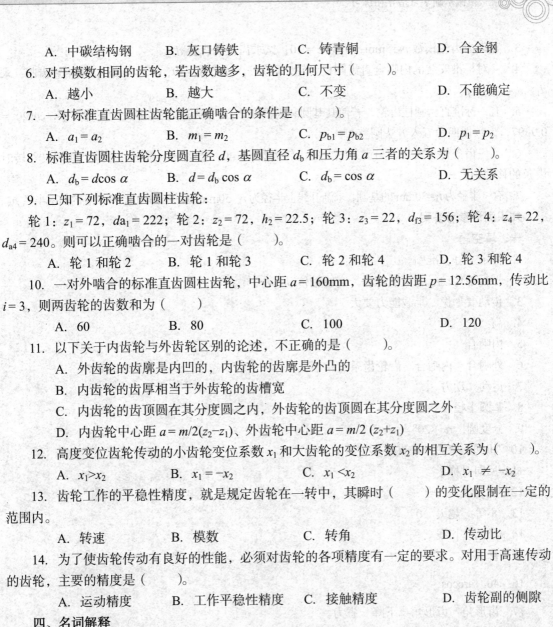

A. 中碳结构钢　　　B. 灰口铸铁　　　　C. 铸青铜　　　　　D. 合金钢

6. 对于模数相同的齿轮，若齿数越多，齿轮的几何尺寸（　　　）。

  A. 越小　　　　　　B. 越大　　　　　　C. 不变　　　　　　D. 不能确定

7. 一对标准直齿圆柱齿轮能正确啮合的条件是（　　　）。

  A. $a_1 = a_2$　　　　B. $m_1 = m_2$　　　　C. $p_{b1} = p_{b2}$　　　D. $p_1 = p_2$

8. 标准直齿圆柱齿轮分度圆直径 d，基圆直径 d_b 和压力角 a 三者的关系为（　　　）。

  A. $d_b = d\cos\alpha$　　B. $d = d_b\cos\alpha$　　C. $d_b = \cos\alpha$　　D. 无关系

9. 已知下列标准直齿圆柱齿轮：

  轮 1：$z_1 = 72$，$da_1 = 222$；轮 2：$z_2 = 72$，$h_2 = 22.5$；轮 3：$z_3 = 22$，$d_{f3} = 156$；轮 4：$z_4 = 22$，$d_{a4} = 240$。则可以正确啮合的一对齿轮是（　　　）。

  A. 轮 1 和轮 2　　B. 轮 1 和轮 3　　C. 轮 2 和轮 4　　D. 轮 3 和轮 4

10. 一对外啮合的标准直齿圆柱齿轮，中心距 $a = 160mm$，齿轮的齿距 $p = 12.56mm$，传动比 $i = 3$，则两齿轮的齿数和为（　　　）

  A. 60　　　　　　　B. 80　　　　　　　C. 100　　　　　　D. 120

11. 以下关于内齿轮与外齿轮区别的论述，不正确的是（　　　）。

  A. 外齿轮的齿廓是内凹的，内齿轮的齿廓是外凸的

  B. 内齿轮的齿厚相当于外齿轮的齿槽宽

  C. 内齿轮的齿顶圆在其分度圆之内，外齿轮的齿顶圆在其分度圆之外

  D. 内齿轮中心距 $a = m/2(z_2 - z_1)$、外齿轮中心距 $a = m/2(z_2 + z_1)$

12. 高度变位齿轮传动的小齿轮变位系数 x_1 和大齿轮的变位系数 x_2 的相互关系为（　　　）。

  A. $x_1 > x_2$　　　　B. $x_1 = -x_2$　　　　C. $x_1 < x_2$　　　　D. $x_1 \neq -x_2$

13. 齿轮工作的平稳性精度，就是规定齿轮在一转中，其瞬时（　　　）的变化限制在一定的范围内。

  A. 转速　　　　　　B. 模数　　　　　　C. 转角　　　　　　D. 传动比

14. 为了使齿轮传动有良好的性能，必须对齿轮的各项精度有一定的要求。对用于高速传动的齿轮，主要的精度是（　　　）。

  A. 运动精度　　　　B. 工作平稳性精度　　C. 接触精度　　　　D. 齿轮副的侧隙

四、名词解释

1. 齿轮传动

2. 齿形角

3. 根切现象

4. 齿轮失效

五、简答题

齿轮传动的常见失效形式有哪些？

六、计算题

1. 已知一对标准直齿圆柱齿轮传动，其传动比 $i_{12} = 2$，主动轮转速 $n_1 = 400r/min$，中心距 $a = 168mm$，模数 $m = 4mm$，试求从动轮转速 n_2，齿数 z_1 和 z_2 各是多少？

2. 有一标准直齿圆柱齿轮，已知齿数 $z = 15$，齿顶圆直径 $d_a = 34mm$，试求模数 m、齿根圆直径 d_f、节距 p 及全齿高 h。

3. 直齿内齿轮模数 $m=5\text{mm}$，齿数 $z=20$，试求齿顶圆直径 d_a。

4. 一对标准安装的内啮合直齿圆柱齿轮，已知 $z_1=14$，$z_2=39$，$m=4\text{mm}$，采用短齿制，求 d_1、d_{a2}、d_{f1}、p_2、a。

5. 有一标准直齿圆柱齿轮，若使其基圆和齿根圆重合，则齿数应为多少？（计算中，$\cos20°=0.9397$，齿数按四舍五入方法圆整）

6. 某一齿条传动机构，与齿条啮合的齿轮齿数 $z=40$，模数 $m=2\text{mm}$，试求当齿轮转 2 转时齿条的移动距离。

7. 有一半径为 $r_b=30\text{mm}$ 的基圆，求渐开线上半径为 $r_k=50\text{mm}$ 处的压力角 α_k 和 K 点的曲率半径 ρ_k。

知识测评参考答案：

一、填空题

1. 恒定　好　准确

2. 平行轴传动　相交轴传动　交错轴传动

3. 传动要平稳　承载能力要大

4. 高　长　大

5. 内啮合

6. 外啮合　内啮合　齿轮齿条

7. 运动　动力

8. 基圆半径

9. 分度圆　α　20°

10. 相同　弯曲　平直　不

11. 反向对称

12. 成直线

13. 不等　越大　0°

14. 径向　切线

15. 基圆

16. 40　$\arccos\dfrac{3}{5}$

17. 齿形角　齿形角　下降　省力

18. 节圆

19. 节圆　啮合角

20. 啮合线　基圆

21. 模数　齿形角

22. 重合度　多　平稳

23. 实际啮合线长度　基圆齿距　多

24. 模数　齿形角

25. p 与 π　大

26. 齿顶

27. 分度圆

28. 10mm　520

29. 48　300mm

30. 200r/min　21　63

31. 45　376mm

32. 8mm　576mm　592mm　556mm

33. 20　60

34. 192mm　672mm

35. 2.5　480r/min

36. 40　120

37. 21　84

38. 相等　πm　相等　20°

39. 回转　往复直线

40. 75 360mm/min

41. 12　第12

42. 运动精度　工作平稳性精度　接触精度　齿轮副的侧隙

43. 传递运动的准确性　运动的平稳性　载荷分布的均匀性

44. 运动精度

45. 仿型法　展成法　展成法　展成法

46. 非标准　刀具

47. 17

48. 变大　提高

49. 高度　0

50. 轮齿折断　齿面磨损　齿面点蚀　齿面胶合　齿面塑变

51. 靠近节线的齿根表面处　靠近节线的齿顶表面处　凹坑　凸棱

52. 同轴度　平行度

53. 购配同型号的　加工

二、判断题

1. 错　2. 对　3. 错　4. 对　5. 错　6. 对　7. 对　8. 对　9. 错　10. 错　11. 对　12. 错
13. 错　14. 对　15. 错　16. 对　17. 错　18. 对　19. 对　20. 错　21. 错　22. 错　23. 错
24. 错　25. 错　26. 错

二、判断题

1. 错　2. 对　3. 错　4. 对　5. 错　6. 对　7. 对　8. 对　9. 错　10. 错　11. 对　12. 错
13. 错　14. 对　15. 错　16. 对　17. 错　18. 对　19. 对　20. 错　21. 错　22. 错　23. 错
24. 错　25. 错　26. 错

三、选择题

1. C　2. A　3. A　4. A　5. A　6. B　7. C　8. A　9. C　10. B　11. A　12. B　13. D
14. B

四、名词解释

1. 齿轮传动是利用主、从动轮的直接啮合传递两轴之间运动和动力的机械传动。

2. 齿形角是端面齿廓上一点的径向直线与切线所夹的锐角。

3. 被加工齿轮齿根附近的渐开线齿廓被切去一部分，这就是根切现象。

4. 齿轮失效是指齿轮在传动过程中发生的失去正常工作能力的现象。

五、简答题

答：轮齿折断、齿面磨损、齿面点蚀、齿面胶合和齿面塑变。

六、计算题

1. 解：n_2=200r/min；z_1= 28；z_2=56

2. 解：m=2mm；d_f=25mm；p=6.28mm；h=2mm

3. 解：d_a=90mm

4. 解：d_1= 56mm；d_{a2}=148mm；d_{f1}=46mm；p_2=14.96mm；a =50mm

5. 解：z=41

6. 解：L=502.4mm

7. 解：α_k =arccos0.6；ρ_k =50mm

第四节　蜗 杆 传 动

知识要求

知　识　点	要　　求
蜗杆传动的组成、特点和类型	知道蜗杆传动的组成、特点和类型
蜗杆传动的主要参数和几何尺寸计算	知道蜗杆传动的主要参数，会计算蜗杆传动的几何尺寸
蜗杆传动的三向判别	会根据蜗杆传动的两向判别第三向
蜗杆传动的失效	了解蜗杆传动的常见失效形式
*蜗杆、蜗轮的结构和常用材料	了解蜗杆、蜗轮的结构，知道其常用材料
蜗杆传动的维护	熟悉蜗杆传动的维护措施

知识重点难点精讲

一、蜗杆传动的组成、特点和类型

1. 齿轮传动的组成

① 蜗杆传动是由蜗杆、蜗轮组成的蜗杆副。

② 蜗杆相当于一个螺旋角很大而直径很小的斜齿轮；蜗轮相当于一个螺旋角很小而直径很大的沿齿宽方向为凹形的斜齿轮。

③ 蜗杆与蜗轮的轴线在空间互相垂直成 90°。通常蜗杆为主动件，蜗轮为从动件。

2. 蜗杆传动的特点

① 传动比大且准确。

② 承载能力大。

③ 传动平稳，噪声小。

④ 容易实现自锁。

⑤ 传动效率低。

⑥ 蜗轮材料贵。

⑦ 不能任意互换啮合。

3. 蜗杆传动的类型

分类依据	类 型		备 注
旋向	左旋		
	右旋		
头数	单头		避免根切的蜗轮最少齿数 $z_{2min}=18$
	多头		避免根切的蜗轮最少齿数 $z_{2min}=27$
外形	圆柱蜗杆	阿基米德蜗杆（轴向直廓蜗杆）	轴向齿廓为直线，端面齿廓为阿基米德螺旋线，法面齿廓为曲线；加工方法与车削梯形螺纹方法相似；应用最广泛
		渐开线蜗杆	加工较阿基米德蜗杆复杂
		法向直廓蜗杆	
		圆弧圆柱蜗杆	
		锥面包络圆柱蜗杆	
	锥蜗杆		
	环面蜗杆		

二、蜗杆传动的主要参数和几何尺寸计算

1. 蜗杆传动的主要参数

参 数	定义或计算公式	备 注
传动比 i	$i_{12}=\dfrac{\omega_1}{\omega_2}=\dfrac{n_1}{n_2}=\dfrac{z_2}{z_1}$	计算公式与齿轮传动相同，但意义不同
模数 m 齿形角 α	蜗杆、蜗轮的模数和齿形角是指主平面内的模数和齿形角。蜗杆是指轴向（ m_{x1}、α_{x1} ），蜗轮是指端面（ m_{t2}、α_{t2} ）。	蜗杆、蜗轮在主平面内的模数、齿形角为标准值
蜗杆导程角 γ	圆柱蜗杆的分度圆螺旋线上任一点的切线与端平面间所夹的锐角 $\tan\gamma=\dfrac{z_1}{q}$	γ：影响传动效率。γ 越大，效率越高，当 γ 小于当量摩擦角时发生自锁 q：影响蜗杆的刚度。q 越大，d_1 越大，刚度越大 z_1：影响蜗杆加工的难易，z_1 越小加工越容易
蜗轮的螺旋角 β	蜗轮轮齿的螺旋线的切线与蜗轮轴线之间所夹的锐角	$\beta=\gamma$
蜗杆直径系数 q	$q=\dfrac{d_1}{m}$	为了限制滚刀的数目和便于滚刀的标准化，规定了蜗杆直径系数 q

① 在主平面内，蜗杆的齿廓是直线，相当于一标准齿条；蜗轮的齿廓为渐开线。所以，在主平面内，蜗杆传动相当于齿轮齿条传动。

② 蜗杆传动正确啮合的条件是：蜗杆的轴向模数等于蜗轮的端面模数（ $m_{x1}=m_{t2}=m$ ）；蜗杆的

轴向齿形角等于蜗轮的端面齿形角（$\alpha_{x1}=\alpha_{t2}=\alpha=20°$）；蜗杆的导程角与蜗轮的螺旋角大小相等，方向一致（$\gamma_1=\beta_2$）。

2. 蜗杆传动的几何尺寸计算

蜗杆传动的几何尺寸计算与齿轮传动的几何尺寸计算公式类似，主要有以下两点不同。

① 蜗杆传动的齿顶高系数 $h_a^*=1$，顶隙系数 $c^*=0.2$。

② 蜗杆传动的分度圆直径 $d_1=mq$。

名称及代号	计算公式	蜗 杆	蜗 轮
齿距（p）	$p=\pi m$	$p_1=\pi m_{x1}=\pi m$	$p_2=\pi m_{t2}=\pi m$
齿顶高（h_a）	$h_a=h_a^* m$	$h_{a1}=m$	$h_{a2}=m$
齿根高（h_f）	$h_f=h_a+c=(h_a^*+c^*)m$	$h_{f1}=1.2m$	$h_{f2}=1.2m$
齿高（h）	$h=h_a+h_f=(2h_a^*+c^*)m$	$h_1=2.2m$	$h_2=2.2m$
顶隙（c）	$c=c^* m$	$c_1=0.2m$	$c_2=0.2m$
分度圆直径（d）		$d_1=mq$	$d_2=mz_2$
齿顶圆直径（d_a）	$d_a=d+2h_a=(z+2h_a^*)m$	$d_{a1}=(q+2)m$	$d_{a2}=(z_2+2)m$
齿根圆直径（d_f）	$d_f=d-2h_f=(z-2h_a^*-2c^*)m$	$d_{f1}=(q-2.4)m$	$d_{f2}=(z_2-2.4)m$
中心距（a）	$a=\dfrac{d_1}{2}+\dfrac{d_2}{2}=\dfrac{m(q+z_2)}{2}$	$a=\dfrac{m(q+z_2)}{2}$	

三、蜗杆传动的三向判别

① 蜗杆传动的三向是指：蜗杆（蜗轮）的旋向、蜗杆的转向和蜗轮的转向。

② 蜗轮转向的判别方法为：左旋用左手，右旋用右手；四指的弯曲方向为蜗杆的转向；拇指指向的相反方向为蜗轮的转向。

③ 三向中只要知道任意两向，第三向就可判断出。

四、蜗杆传动的失效

① 蜗杆传动的失效总是发生在蜗轮上。

② 常见的失效形式有齿面磨损、齿面点蚀、齿面胶合和轮齿折断。开式蜗杆传动的主要失效形式为蜗轮齿面磨损，闭式蜗杆传动的主要失效形式为蜗轮齿面胶合。

防止蜗杆失效的措施有提高蜗杆齿面的硬度和减小表面粗糙度，蜗轮选用减摩性较好的材料，采用抗胶合的润滑剂等。

五、蜗杆、蜗轮的结构和常用材料

1. 蜗杆、蜗轮的结构

① 蜗杆的结构形式分为无退刀槽和有退刀槽两种。

② 蜗轮的结构形式有整体式、齿圈式、螺栓连接式和镶铸式 4 种。

2. 蜗杆、蜗轮的常用材料

① 蜗杆一般用碳钢或合金钢制成。

② 蜗轮大多采用摩擦系数较低、抗胶合性较好的锡青铜、铝青铜或黄铜，低速时可采用铸铁。

六、蜗杆传动的维护

蜗杆传动的维护主要从蜗杆传动的试运行、润滑和检修几个方面考虑。

 例题解析

例1：为了减少蜗轮滚刀数目，有利于刀具标准化，规定的标准值为（　　　）。

    A．蜗轮齿数　　　B．蜗杆头数　　　　　C．蜗杆直径系数　　　　D．蜗轮分度圆直径

分析：本题考查的知识点是规定蜗杆直径系数为标准值的原因。由式 $d_1 = \frac{z_1}{\tan\gamma} \times m_{x1}$ 可知，当 m_{x1} 确定后，d_1 随 $\frac{z_1}{\tan\gamma}$ 的比值而改变，故为使刀具标准化，减少蜗轮滚刀数目，除规定标准模数外，还规定 $\frac{z_1}{\tan\gamma}$ 为标准值，用 q 表示。

解答：本题答案为"C"。

例2：蜗杆传动产生自锁的条件是：蜗杆的导程角 γ _____ 材料的当量摩擦角。（">"、"="或"<"）。

分析：本题考查的知识点是蜗杆传动自锁的条件。并非所有的蜗杆传动都具有自锁的特性，蜗杆传动一般是以蜗杆为主动件的，但若采用4头蜗杆，则可以蜗轮为主动件，此时机构就不自锁。

解答：本题答案为"<"。

例3：在蜗杆传动中，其他条件相同，若增加蜗杆的直径系数 q，将使（　　　）。

    A．传动效率降低，刚度降低　　　　　　　B．传动效率提高，刚度降低

    C．传动效率降低，刚度提高　　　　　　　D．传动效率提高，刚度提高

分析：本题考查的知识点是蜗杆传动中，蜗杆直径系数对传动效率和蜗杆刚度的影响。运用公式 $\tan\gamma = \frac{z_1}{q}$ 和 $d_1 = mq$ 分析得，$q\nearrow$，$\gamma\searrow$，$d_1\nearrow$。

解答：本题答案为"C"。

例4：有一蜗杆传动。已知：模数 m=5mm，蜗杆头数 z_1=2，蜗轮齿数 z_2=60，蜗杆特性系数 q=9。试求：

（1）蜗杆及蜗轮分度圆直径 d_1 和 d_2；

（2）蜗杆螺旋升角的正切值 $\tan\gamma$；

（3）蜗杆传动的中心距 a。

解答：（1）$d_1 = mq = 5 \times 9 = 45\text{mm}$

          $d_2 = mz_2 = 5 \times 60 = 300 \text{ mm}$

（2）$\tan\gamma = \frac{z_1}{q} = \frac{2}{9}$

（3）$a = \frac{1}{2}m(q+z_2) = \frac{5}{2} \times (9+60) = 172.5 \text{ mm}$

 习题解答

1．A

2．解：因为 $\dfrac{n_1}{n_2} = \dfrac{z_2}{z_1}$

$$\frac{960}{n_2} = \frac{60}{2} \qquad \frac{960}{40} = \frac{z_2}{2}$$

所以 n_2=32r/min z_2=48

3. 摇头装置采用蜗杆传动的目的是可节省材料空间，大幅增加减速比。

 **知识测评**

一、填空题

1. 蜗杆传动由_____和_____组成，一般取_____为主动件。

2. 蜗杆传动的传动比_____，承载能力_____，传动_____，噪声_____，容易实现_____，但传动效率_____。

3. 按蜗杆形状不同，蜗杆传动可分为_____、_____和_____3种。

4. 蜗杆结构形式分为_____和_____两种。

5. 蜗轮结构形式有_____、_____、_____和_____4种。

6. 开式蜗杆传动的主要失效形式是_____，闭式蜗杆传动的主要失效形式是_____。

7. 蜗杆传动正式使用前应进行_____运转，时间不得少于2h。

8. 蜗杆传动通常采用_____润滑。

二、判断题

1. 蜗杆一般与轴制成一体。（   ）

2. 为了减少摩擦和磨损，通常蜗杆取减摩材料。（   ）

3. 由于蜗杆传动具有自锁性，四头蜗杆传动蜗轮也不能反过来带动蜗杆。（   ）

4. 蜗轮材料要求用摩擦系数小，抗胶合性好的锡青铜。（   ）

5. 蜗杆传动中，蜗轮与蜗杆的接触为高副。（   ）

6. 蜗杆传动的传动比大，而且准确。（   ）

7. 为了使蜗轮转速降低一半，可以不另换蜗轮，而采用双头蜗杆代替原来的单头蜗杆（   ）。

8. 蜗杆的头数越多，加工越容易，传动效率高。（   ）

9. 蜗杆传动中，蜗轮的旋转方向由蜗杆的螺旋方向和旋转方向来确定。（   ）

三、选择题

1. 关于蜗杆传动，以下论述中正确的是（   ）。

    A. 主动件是蜗轮，它与从动件蜗杆相啮合　　B. 传动比大

    C. 传动效率高　　　　　　　　　　　　　　D. 承载能力小

2. 蜗杆传动中，蜗轮采用昂贵的青铜材料制造，这是因为（   ）。

    A. 减少摩擦　　　　B. 增加蜗杆强度过　　C. 容易制造　　　　D. 以上都不对

3. 蜗杆的直径系数（q）越小，则（   ）。

    A. 传动效率高，但刚性较差　　　　　　　　B. 传动效率低且刚性较差

    C. 传动效率高，但刚性较好　　　　　　　　D. 传动效率低且刚性较好

4. 蜗杆传动最易失效的构件是（   ）。

    A. 蜗杆　　　　　　B. 蜗轮　　　　　　　C. 蜗杆或蜗轮　　　D. 都不对

5. 特性系数 q 是计算（   ）分度圆直径的参数。

    A. 蜗杆和蜗轮　　　B. 蜗轮　　　　　　　C. 蜗杆　　　　　　D. 都不对

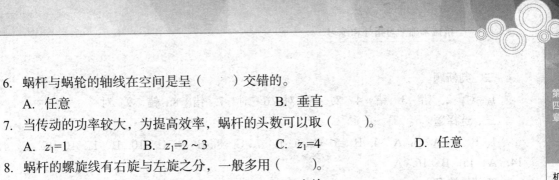

6. 蜗杆与蜗轮的轴线在空间是呈（　　）交错的。

    A. 任意   B. 垂直

7. 当传动的功率较大，为提高效率，蜗杆的头数可以取（　　）。

    A. $z_1=1$ B. $z_1=2\sim3$ C. $z_1=4$ D. 任意

8. 蜗杆的螺旋线有右旋与左旋之分，一般多用（　　）。

    A. 左旋   B. 右旋

9. 与齿轮传动相比，蜗杆传动具有（　　）等突出优点。

    A. 传动功率大，效率高   B. 材料便宜，互换性好

    C. 传动比大，平稳无噪声   D. 传动功率小，效率低

10. 蜗杆与蜗轮的顶隙系数 c^* 分别取值为（　　）。

    A. 0.2，0.25   B. 0.2，0.2   C. 0.25，0.2   D. 0.2，0.3

11. 在蜗轮齿数不变的情况下，蜗杆头数（　　）则传动比大。

    A. 多   B. 少

12. 在蜗杆的开式传动中，蜗轮主要的失效形式是（　　）。

    A. 胶合   B. 点蚀   C. 磨损   D. 塑变

13. 蜗轮最常用（　　）制造。

    A. 中碳结构钢   B. 灰口铸铁   C. 铸青铜   D. 合金钢

14. 蜗杆使用（　　）制造。

    A. 碳素结构钢   B. 青铜   C. 铸铁   D. 铝合金

15. 大尺寸的蜗轮常采用青铜材料的（　　）结构。

    A. 整体式   B. 镶嵌式

16. 蜗杆传动（　　）。

    A. 传动比大，结构紧凑   B. 均具有自锁功能

    C. 传动平稳，传动效率高   D. 承载能力小

四、简答题

蜗轮回转方向的判断与哪些因素有关？

五、计算题

已知一蜗杆传动，蜗杆头数 $z_1=2$，直径系数 $q=10$，模数 $m=5\text{mm}$，转速 $n_1=1\,440\text{r/min}$，蜗轮齿数 $z_2=60$。试求：（1）蜗杆的导程角；（2）蜗轮的转速 n_2；（3）蜗杆传动的中心距。

知评测评参考答案：

一、填空题

1. 蜗杆　蜗轮　蜗杆

2. 大　大　平稳　小　自锁　低

3. 圆柱蜗杆传动　环面蜗杆传动　锥蜗杆传动

4. 无退刀槽　有退刀槽

5. 整体式　齿圈式　螺栓连接式　镶铸式

6. 齿面磨损　齿面胶合

7. 空载

8. 浸油

二、判断题

1. 对 2. 错 3. 错 4. 对 5. 对 6. 对 7. 错 8. 错 9. 对

三、选择题

1. B 2. A 3. A 4. B 5. C 6. B 7. C 8. B 9. C 10. B 11. B 12. C 13. C 14. A 15. B 16. A

四、简答题

答：与蜗杆（蜗轮）的旋向和蜗杆的转向有关。

五、计算题

解：（1）$\gamma=\arctan 0.2°$；（2）$n_2=48r/min$；（3）$a=175mm$

第五节　齿轮系与减速器

知识要求

知 识 点	要 求
常用轮系的分类及应用特点	知道常用轮系的分类及应用特点
定轴轮系传动比的计算	会计算定轴轮系的传动比
*行星轮系传动比的计算	了解行星轮系的传动比计算方法
减速器的类型、标准和应用	了解减速器的类型、标准和应用

知识重点难点精讲

一、常用轮系的分类及应用

1. 轮系的分类

类　型	定　义	备　注
定轴轮系	旋转齿轮的几何轴线位置均固定的轮系	
周转轮系	至少有一个齿轮和它的几何轴线绕另一个齿轮旋转的轮系	分为差动轮系和行星轮系两种

2. 轮系的应用特点

应 用 特 点	特 点 说 明	备　注
可获得很大的传动比	满足输出轴转速高或低的要求	
可作较远距离的传动	可得到结构紧凑的远距离传动	
可实现变速要求	采用滑移齿轮等实现多级变速	
可实现变向要求	采用惰轮、离合器等实现正、反转等变向要求	
可合成或分解运动	两个独立的运动合成一个运动，一个运动分解成两个独立的运动	周转轮系特有

二、定轴轮系传动比的计算

1. 传动比的大小计算

$$i_{1k} = \frac{n_1}{n_k} = \frac{\text{所有从动轮齿数的连乘积}}{\text{所有主动轮齿数的连乘积}}$$

2. 传动比的方向判断

① 计算法$(-1)^m = \pm 1$。"+1"表示主、从动轮转向相同，"−1"表示主、从动轮转向相反。式中"m"为外啮合圆柱齿轮对数。计算法只适于平行轴轮系。

② 箭头图示法：适于各种轴线位置的轮系。蜗杆和螺旋传动使用左、右手螺旋定则。

三、行星轮系传动比的计算

$$i_{GK}^H = \frac{n_G - n_H}{n_K - n_H} = (-1)^m \frac{\text{假想轮系中从齿轮G到齿轮K之间的所有从动轮齿数的乘积}}{\text{假想轮系中从齿轮G到齿轮K之间的所有主动轮齿数的乘积}}$$

式中：n_G、n_K——行星轮系中任意两个齿轮 G 和齿轮 K 的转速；

m——齿轮 G 至齿轮 K 之间外啮合齿轮的对数。

四、减速器的类型、标准和应用

1. 减速器的定义和特点

减速器是传动比固定的轮系，由齿轮或蜗轮蜗杆组成，是用来降低转速增大扭矩的封闭机械装置。减速器结构紧凑、效率高，使用维护方便，在工业中应用广泛。

2. 减速器的类型、特点与应用

类　型	特点与应用
单级圆柱齿轮减速器	传动比 $i \leqslant 8 \sim 10$，常见齿形为直齿
双级圆柱齿轮减速器	结构简单，用于载荷平稳的场合。通常，高速级为斜齿，低速级为直齿
单级圆锥齿轮减速器	用于两垂直相交或交错轴传动。制造安装复杂，仅在传动需要时才采用
下置式蜗杆减速器	蜗杆冷却、润滑较好，适用于蜗杆圆周速度 v<10m/s 的场合

3. 减速器的标准

减速器标记形式如下：

　　　　减速器　ZLY　560—11.2—Ⅰ　JB/T8853—2001

标记含义如下表所示。

标　记	含　义
减速器	名称
ZLY	型号为两级圆柱齿轮（硬齿面）减速器
560	低速级中心距 $a = 560mm$
11.2	公称传动比为 11.2
Ⅰ	第一种装配形式
JB/T8853—2001	标准号

一、定轴轮系

1. 变速级数 k 的判定

理清各轴间传动路线的数量。一般情况下变速级数等于各轴间传动路线数量的连乘积。

2. 任意轴转速 n_k 的计算

$$n_k = n_1 \times \frac{\text{所有主动轮齿数的连乘积}}{\text{所有从动轮齿数的连乘积}}$$

3. 末端移动件移距 L、移速 v 的计算

末端为螺旋传动：$L = N_k \cdot p_h$、$v = n_k \cdot p_h$

末端为齿条传动：$L = N_k \cdot \pi d = N_k \cdot \pi m z$、$v = n_k \cdot \pi d = n_k \cdot \pi m z$

末端为鼓轮：$L = N_k \cdot \pi D$、$v = n_k \cdot \pi D$

求最高转速 n_{max}（或 L_{max}）时，若两轴间有几种齿数可选择，应选 $z_主$ 与 $z_从$ 比值最大者。求最低转速 n_{min}（或 L_{min}）时则相反。

 例题解析

例 1：轮系的传动比可以表示为（　　　　）。

A. $i_{1k} = \dfrac{z_k}{z_1}$　　　　　　　　B. $i_{1k} = (-1)^m \dfrac{\text{所有从动轮齿数的连乘积}}{\text{所有主动轮齿数的连乘积}}$

C. $i_{1k} = \dfrac{n_1}{n_k}$　　　　　　　　D. $i_{1k} = (-1)^m \dfrac{\text{所有主动轮齿数的连乘积}}{\text{所有从动轮齿数的连乘积}}$

分析：本题考查的知识点是定轴轮系传动比的计算公式。选项"B"不具有代表性，不能用于空间齿轮传动。

解答：本题答案为"C"。

例 2：根据图 4-5-1 所示的机床传动图，计算并回答下列问题。

（1）主轴有几种转速？

（2）计算主轴的最低转速是多少？

（3）主轴转一转时，齿条移动的距离是多少？

（4）电动机转向向下，求齿条移动的方向。

解答：（1）$k = 3$

（2）$n_{主min} = n \dfrac{100 \times 20}{200 \times 70} = 1\,400 \times \dfrac{100 \times 20}{200 \times 70} = 200\text{r/min}$

（3）$L = 1 \times \dfrac{20}{40} \pi m z = 1 \times \dfrac{20}{40} \times 3.14 \times 2.5 \times 15 = 58.875\text{mm}$

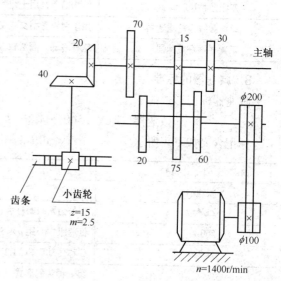

图 4-5-1 机床传动图

（4）齿条移动的方向向右。

习题解答

1. $v=n_1\dfrac{z_1 z_{2'} z_{3'} z_{4'}}{z_2 z_3 z_4 z_5}\pi m z_{5'}=500\times\dfrac{15\times15\times15\times2}{25\times30\times30\times60}\times3.14\times4\times20=628\ \text{mm/min}$

齿条 6 的移动方向向下。

2. （略）

3. （略）

知识测评

一、填空题

1. 由一系列相互啮合的齿轮组成的传动系统称为_____。

2. 轮系按各轮轴线在空间的相对位置是否固定，分为_____和_____。

3. 轮系可获得_____的传动比，并可作_____距离的传动。

4. 轮系可以实现_____要求和_____要求。

5. 传递平行轴运动的轮系，若外啮合齿轮为偶数对，首末两轮转向_____。

6. 定轴轮系的传动比是指轮系中_____与_____之比，其大小等于轮系中_____与_____之比。

7. 轮系中的惰轮只改变从动轮的_____，而不改变主动轮与从动轮的_____大小。

8. 按中心轮是否固定及主动件数量，周转轮系分为_____和_____。

9. 采用周转轮系可将两个独立运动_____为一个运动，或将一个独立的运动_____成两个独立的运动。

10. 定轴轮系末端为螺旋传动。已知末端的转速 $n_k=40\ \text{r/min}$，双线螺杆的螺距为 5mm，则螺母每分钟移动的距离为_____。

11. 定轴轮系末端是齿轮齿条传动。已知小齿轮模数 $m=3\text{mm}$，齿数 $z=15$，末端转速 $n_k=10\text{r/min}$，则小齿轮沿齿条的移动速度为_____。

12. 减速器是用来降低_____增大_____的封闭机械装置。

二、判断题

1. 轮系传动比计算分式中（−1）的指数 m 表示轮系中相啮合圆柱齿轮的对数。（　　）

2. 轮系传动比计算分式中（−1）的指数 m 表示轮系中外啮合圆柱齿轮副的个数。（　　）

3. 定轴轮系中构件的转向只能通过标注箭头法来判断。（　　）

4. 旋转齿轮的几何轴线位置均不能固定的轮系，称之为周转轮系。（　　）

5. 轮系传动和摩擦传动一样易于实现无级变速。（　　）

6. 定轴轮系的转向只能通过传动比计算结果的正、负来判别输出轴与输入轴的关系，若结果为正，说明输出轴与输入轴同向；反之，输出轴与输入轴旋转方向相反。（　　）

7. 轮系中使用惰轮，既可变速，又可变向。（　　）

8. 加偶数个惰轮，主、从动轮向一致。（　　）

9. 定轴轮系中每一个齿轮的轴都是固定的。（　　）

10. 轮系传动既可用于相距较远的两轴间传动，又可获得较大的传动比。（　　）

11. 轮系中只有周转轮系具有可分解或合成运动的特点。（　　）

12. 轮系中的某一个中间齿轮，既可以是前级齿轮副的从动轮，又可以是后一级齿轮副的主动轮。（　　）

三、单选题

1. 轮系的传动比可以表示为（　　）

    A. $i_{1k}=z_k/z_1$

    B. $i_{1k}=n_1/n_k$

    C. $i_{1k}=(-1)^m$ 所有的主动轮齿数乘积/所有的从动轮齿数乘积

    D. $i_{1k}=(-1)^m$ 所有的从动轮齿数乘积/所有的主动轮齿数乘积

2. 轮系中的惰轮常用以改变的（　　）。

    A. 主动轮的转向　　　　　　　　　　B. 从动轮的转向

    C. 主动轮的转向及转速大小　　　　　D. 从动轮的转向及转速大小

3. 轮系的特点以下论述中正确的是（　　）。

    A. 可实现变向变速要求　　　　　　　B. 周转轮系不能分解运动但可合成运动

    C. 不可实现结构紧凑的较远距离传动　D. 不可获得较大的传动比

4. 当两轴相距远，且要求传动准确，应采用（　　）。

    A. 带传动　　　　B. 链传动　　　　C. 轮系传动　　　　D. 都不行

5. 定轴轮系的传动比大小与轮系中惰轮的齿数（　　）。

    A. 有关　　　　　B. 成反比　　　　C. 成正比　　　　D. 无关

6. 轮系末端是螺旋传动，如果已知末端转速 $n_k=80$ r/min，三线螺杆的螺距为 4mm，则螺母每分钟移动距离为（　　）。

    A. 960mm　　　　B. 960mm/min　　　　C. 320mm　　　　D. 320mm/min

7. 若主动轴转速为 1 200r/min，现要求在高效率下使从动轴获得 12r/min 的转速，则应采用（　　）。

    A. $z_2/z_1=2\ 000/20$ 的一对直齿圆柱齿轮传动　B. $z_2/z_1=100/1$ 的单头蜗杆传动

    C. 轮系传动　　　　　　　　　　　　　　　　D. 带传动

8. 以下选项中，（　　）齿轮不属于从安装的角度而言的。

    A. 固定齿轮　　　B. 滑移齿轮　　　C. 空套齿轮　　　D. 不完全齿轮

四、名词解释

1. 轮系

2. 定轴轮系

3. 周转轮系

五、计算题

1. 如图 4-5-2 所示的轮系，已知各齿轮齿数为 $z_1=20$、$z_2=40$、$z_3=25$、$z_4=45$、$z_5=35$、$z_6=60$，齿轮 Z_1 的转向如图中所示，试计算该轮系的传动比 i_{16} 并说明 6 轮的转向。

2. 如图 4-5-3 所示的轮系，各轮齿数 $z_1=26$、$z_2=40$、$z_3=52$、$z_4=35$、$z_5=80$、$z_6=20$、$z_7=40$、$z_8=30$、$z_9=65$，齿轮 z_1 的转向如图中所示，试计算 i_{19} 并说明 z_9 的转向。

3. 图 4-5-4 所示为一空间定轴轮系，各齿轮齿数 $z_1=40$、$z_2=40$、$z_3=20$、$z_3'=30$、$z_4=40$，z_1 的转速 $n_1=360$ r/min，齿轮 z_1 的转向如图中所示，试求该轮系的传动比 i_{14} 和 4 轮的转速、转向。

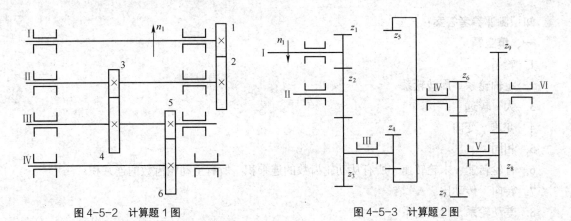

图 4-5-2　计算题 1 图　　　　　　　　　图 4-5-3　计算题 2 图

4. 图 4-5-5 所示为定轴轮系，各齿轮齿数 $z_1=26$、$z_2=40$、$z_3=52$、$z_4=2$、$z_5=60$、$z_6=20$、$z_7=40$，齿轮 z_1 的转向如图中所示，试求传动比 i_{15}、i_{17} 和 5 轮、7 轮的转向。

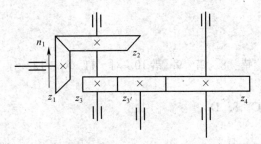

图 4-5-4　空间定轴轮系

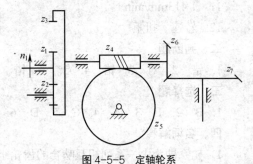

图 4-5-5　定轴轮系

5. 图 4-5-6 所示为一传动系统，试求：

（1）该传动系统的传动比；

（2）轴Ⅲ的转速；

（3）电动机转 1 转，工作台移动的距离；

（4）工作台的移动速度和方向。

6. 图 4-5-7 所示为一时钟轮系。S、M、H 分别表示秒针、分针、时针。图中数字表示该齿轮的齿数。假设齿轮 B、C 模数相同，试求齿轮 A、B、C 的齿数。

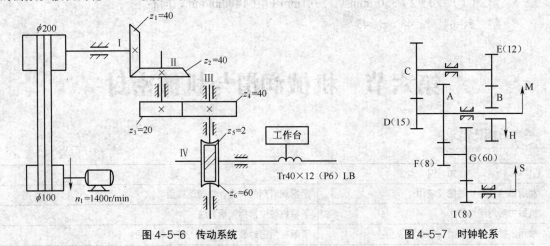

图 4-5-6　传动系统　　　　　　　　　图 4-5-7　时钟轮系

知识测评参考答案：

一、填空题

1. 轮系

2. 定轴轮系　周转轮系

3. 大　较远

4. 变速　变向

5. 相同

6. 首轮转速　末轮转速　所有从动轮齿数的连乘积　所有主动轮齿数的连乘积

7. 转向　传动比

8. 差动轮系　行星轮系

9. 合成　分解

10. 400mm

11. 1 413mm/min

12. 转速　扭矩

二、判断题

1. 错　2. 对　3. 错　4. 错　5. 错　6. 错 7. 错　8. 错　9. 错 10. 对　11. 对　12. 对

三、选择题

1. B　2. B　3. A　4. C　5. D　6. A　7. C　8. D

四、名词解释

1. 轮系即为由一系列相互啮合的齿轮组成的传动系统。

2. 所有齿轮轴线都是固定不变的轮系即为定轴轮系。

3. 至少有一个齿轮的轴线绕另一齿轮轴线转动的轮系称为圈转轮系。

五、计算题

1. 解：i_{16}=6.17；6 轮的转向向下

2. 解：i_{19}=19.8；z_9 的转向向下

3. 解：i_{14}=2；n_4=180r/min；4 轮的转向向左

4. 解：i_{15}=60；i_{17}=4；5 轮为逆时针旋转；7 轮的转向向左

5. 解：（1）120（2）350r/min（3）0.1mm（4）140mm/min、向右

6. 解：z_A=64、z_B=48、z_C=45

第六节　机械润滑与机械密封

 知识要求

知　识　点	要　　求
润滑剂的种类、性能及应用	了解润滑剂的种类、性能及应用
机械中常用润滑方法	了解机械中常用润滑方法
常用密封装置的分类、特点和应用	了解常用密封装置的分类、特点和应用

知识重点难点精讲

一、润滑剂的种类、性能及应用

1. 润滑剂的定义
润滑剂是能降低摩擦阻力的介质。

2. 润滑剂的种类
气态的空气、液态的润滑油、半固态的润滑脂和固体的润滑剂都可作为润滑剂。

3. 常用润滑剂及其应用

种类	性 能	应 用
润滑油	流动性能好，冷却好，但易从箱体内流出，需采用结构复杂的密封装置，且需经常加油	用于高速机械
润滑脂	不易流失，密封简单，使用时间长，受温度影响小，对载荷、速度等适应范围大	用于不容易漏油及加油不方便的场合，特别适合低速、重载或间歇、摇摆运动的机械

二、机械中常用润滑方法

润 滑 方 法		说 明	应 用
手工定时润滑		靠手工定时加油、加脂	用于低速、轻载或不连续运转的机械
连续润滑	油绳润滑	用弹簧盖油杯润滑，油量不大	用于载荷、速度不大的场合
		用针阀式油杯润滑	用于供油量一定、连续供油的场合
	油浴润滑	由浸入油池一定深度的大齿轮通过旋转，将润滑油带入啮合区进行润滑	用于齿轮速度小于 12m/s 的场合，当齿轮速度大于 12m/s 时，采用将压力油喷入啮合区的方法
	油雾润滑	用压缩空气将润滑油从喷嘴喷出，使润滑油雾化后随压缩空气弥散至摩擦表面起润滑作用	用于高速滚动轴承、齿轮传动及导轨的润滑

三、常用密封装置的分类、特点及应用

种 类		特点及应用
静密封	垫片密封	是一种被用于压紧在两个平面之间的片状结构密封。广泛应用在压力容器的密封中。特别是石油、化学工化、原子能工业、大型电站行业中
	密封圈密封	密封圈主要用来防油防水防腐密封气体，防止泄漏
	密封胶密封	兼有密封和粘接的作用，广泛应用在汽车的发动机缸盖，气门室盖，油底壳，变速箱等封油部位，挡风玻璃和侧窗的沟缝，焊缝，钣金接口等部位的密封与降噪
动密封	毛毡圈密封	用于脂润滑，环境清洁，圆周速度小于 4m/s，工作温度小于 90°C
	皮碗密封	用于脂润滑或油润滑，圆周速度小于 7m/s，工作温度小于 100°C
	油沟式密封	用于脂润滑，且干燥清洁环境。密封间隙 0.1～0.3mm
	迷宫式密封	用于脂润滑或油润滑，在间隙中充填润滑油或润滑脂，密封效果可靠

 习题解答

1. 自行车轴承部分的润滑采用油润滑和脂润滑，主要使用油品为钙基润滑脂或极压齿轮油。缝纫机轴承部分的润滑采用轻质机油。电风扇轴承部分的润滑采用缝纫机油或锭子油，加油应分两次进行，第 1 次加油应将杂质溶解后清出，第 2 次加的油渗入轴承后使轴承含油，可长期运转。注意，加油时量不能大，以免油污其他部位。

2. 减速器的箱盖与底座间用密封胶密封，输入及输出轴与端盖等的密封是骨架油封方式，特点是防尘，满足动密封要求。

3.（略）

 知识测评

一、填空题

1. 润滑剂是能降低＿＿＿＿的介质。

2. 常用润滑剂有＿＿＿＿和＿＿＿＿。

3. 常用润滑方法有＿＿＿＿和＿＿＿＿。

4. 根据结合面是否有相对运动，密封分为＿＿＿＿和＿＿＿＿。

5. 常用的静密封有垫片密封、＿＿＿＿和＿＿＿＿。

6. 常用的垫片有＿＿＿＿、＿＿＿＿、＿＿＿＿和＿＿＿＿。

7. 润滑油杯有＿＿＿＿式和＿＿＿＿式。

二、判断题

1. 润滑油流动性好，冷却好，用于低速机械。（　　）

2. 手工定时润滑主要用于低速、轻载或不连续运转的机械。（　　）

3. 油绳润滑属于连续润滑。（　　）

三、选择题

1. 下列密封不属于动密封装置的是（　　）。

　A. 毛毡圈密封　　　　　　　　B. 密封圈密封

　C. 皮碗密封　　　　　　　　　D. 迷宫式密封

2. 下列选项中，（　　）不是润滑脂的特点。

　A. 不易流失　　　　　　　　　B. 密封简单，时间长

　C. 受温度影响大　　　　　　　D. 对载荷、速度等适应范围大

四、名词解释

润滑剂

五、简答题

常用的动密封装置有哪些？

知识测评参考答案：

一、填空题

1. 摩擦阻力

2. 润滑油　润滑脂

3. 手工定时润滑　连续润滑

4. 静密封　动密封

5. 密封圈密封　密封胶密封

6. 纸垫片　橡胶垫片　塑料垫片　金属垫片

7. 压配　旋套

二、判断题

1. 错　2. 对　3. 对

三、选择题

1. B　2. C

四、名词解释

润滑剂是能降低摩擦阻力的介质。

五、简答题

答：常用的动密封装置有毛毡圈密封、皮碗密封、油沟式密封和迷宫式密封。

第五章

常见机构

第一节　平面四杆机构

 知识要求

知 识 点	要 　　求
平面运动副及其分类	会分析平面运动副及其分类
平面四杆机构的基本类型、特点及其分类	会分析实例中的基本类型
铰链四杆机构的类型判断	能够正确判断基本类型
*铰链四杆机构的演化	了解演化形式
*铰链四杆机构的运动特性	了解运动特性

 知识重点难点精讲

一、运动副

定　　义	类　　　　　型			应 用 举 例
两构件直接接触，而又能产生一定相对运动的连接	平面运动副	低副	转动副（只能作相对转动的运动副）	曲柄与连杆间的连接
			移动副（两构件只能沿某一轴线相对移动的运动副）	抽屉的拉出与推进
		高副		凸轮机构、齿轮的啮合
	空间运动副			丝杠与开合螺母的连接

二、铰链四杆机构的基本类型

类　　型		工 作 特 点	应 用 举 例
曲柄摇杆机构		曲柄的整周回转运动 ⇄ 摇杆的往复摆动	破碎机、雷达天线俯仰装置、缝纫机
双曲柄机构	普通双曲柄机构	主动曲柄作等速回转运动时，从动曲柄作变速回转运动	惯性筛、旋转式水泵
	平行双曲柄机构	两曲柄转向相同，转速相等	火车轮联动装置
	反向双曲柄机构	两曲柄转向相反，主动曲柄作等速回转运动时，从动曲柄作变速回转运动	车门启闭装置
双摇杆机构		两连架杆均为摇杆	起重机货物平移机构、飞机起落架

三、铰链四杆机构的判断

最短杆长度+最长杆长度　　　比较　　　其余两杆长度之和。

① "＞"：双摇杆机构。

② "≤"：看机架
- 以最短杆相邻杆为机架：曲柄摇杆机构。
- 以最短杆为机架：双曲柄机构。
- 以最短杆相对杆为机架：双摇杆机构。

四、铰链四杆机构的演化

① 曲柄摇杆机构中摇杆长度趋于无穷大可演化成曲柄滑块机构。改变曲柄滑块机构的固定件可演化为各种导杆机构。

② 各演化机构的运动特点与举例如下。

机 构 名 称	运 动 特 点	应 用 举 例
曲柄滑块机构	曲柄的整周回转运动 ⇄ 滑块的往复移动	内燃机中的曲柄滑块机构
转动导杆机构	杆 2 与导杆 4 均能绕机架作连续转动	小型刨床
摆动导杆机构	导杆 4 只能绕机架作摆动	牛头刨床中的滑枕机构
曲柄摇块机构	杆 1 转动或摆动，导杆 4 相对块 3 滑动并一起绕 C 点摆动	卡车的自卸翻斗装置
移动导杆机构	杆 1 转动或摆动，杆 2 绕 C 点摆动，导杆 4 相对固定块 3 作往复移动	抽水机

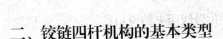

知识拓展

一、急回特性

为了表示急回运动的速度，用从动件返回行程的平均速度 v_2 与工作行程平均速度 v_1 的比值 k 表示，称 k 为急回特性系数。

$$k = \frac{v_2}{v_1} = \frac{t_1}{t_2} = \frac{180° + \theta}{180° - \theta}$$

式中：θ——从动件处于两极限位置时，相应的主动件位置线所夹的锐角；

t_1——工作行程所用的时间；

t_2——空回行程所用的时间。

二、压力角与传动角

1. 压力角

驱动力 F 与该力作用点绝对速度 v_c 之间所夹的锐角 α。

2. 传动角

压力角的余角 γ。

显然，压力角 α 越小或传动角 γ 越大，驱动从动件的力矩越大，对机构的传动越有利；而压力角 α 越大或传动角 γ 越小，会使有害分力越大，引起转动副的压力增大，磨损加剧，传动效率下降。因此，压力角不能太大或传动角不能太小，规定工作行程中的最小传动角 $\gamma_{min} = 40° \sim 50°$。

三、死点

1. 死点位置

在平面四杆机构中，当连杆与从动件共线时，连杆传给从动件的力通过从动件的回转中心而力矩为零。

2. 死点现象

机构的从动件无法运动或出现运动不确定现象。

为了使机构能顺利通过"死点"位置，可采用以下方法。

① 增设辅助构件。

② 采用机构错列。

③ 利用从动构件本身的质量或附加一个转动惯性较大的飞轮。

 例题解析

例 1：图 5-1-1 所示为一单缸内燃机的结构示意图。

（1）该内燃机中，主要机构的名称是_____。

（2）该机构的主动件是_____。

（3）曲轴与连杆组成的运动副名称是_____。

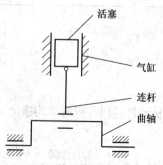

活塞

气缸

连杆

曲轴

图 5-1-1 单缸内燃机结构示意图

分析：本题是一综合题，内容涉及平面运动副的类型判别、铰链四杆机构的演化形式的应用等。内燃机是由曲柄滑块机构为主要机构组成的，它将滑块（活塞）的往复直线运动转变成曲柄（曲轴）的连续旋转运动。

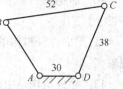

图 5-1-2 铰链四杆机构

解答：（1）曲柄滑块机构（2）活塞（3）转动副

例 2：在图 5-1-12 所示的铰链四杆机构中，已知 $L_{BC} = 52mm$，$L_{CD} = 38mm$，$L_{AD} = 30mm$，AD 为机架。该机构为曲柄摇杆机构，且 AB 为曲柄，求 L_{AB} 的最大值。

分析：该题为铰链四杆机构类型判别条件的综合应用，分析时应根据判别条件列出相关不等式，再解不等式即可。

解答：若机构为曲柄摇杆机构，需满足条件：$L_{min}+L_{max} \leq L_1+L_2$，且最短杆相邻杆为机架。

所以 AD 杆应为最短杆相邻杆。

又因为 AB 杆为曲柄，

所以 $L_{AB} \leq L_{CD} = 30mm$ ······················①

又因为 $L_{min}+L_{max} \leq L_1+L_2$

$L_{AB}+52 \leq 30+38$

$L_{AB} \leq 16mm$ ····································②

由①、②联立解得：$L_{AB} \leq 16mm$

所以 $L_{ABmax} = 16mm$

 ## 习题解答

1.（1）有、AB、曲柄摇杆机构（2）AB 杆（3）CD 杆

2.（a）双曲柄机构（b）曲柄摇杆机构（c）双摇杆机构（d）双摇杆机构

3. $K = \dfrac{180° + \theta}{180° - \theta} = \dfrac{180° + 30°}{180° - 30°} = 1.4$

4.（略）

5.（略）

6.（略）

 ## 知识测评

一、填空题

1. 机构是由_____组合而成的，构件与构件之间用_____连接。

2. 按构件间的接触特性，平面运动副可分为_____和_____。

3. 平面连杆机构是由一些刚性构件用_____副和_____副互相连接而成的。

4. 在铰链四杆机构中，相对静止的构件称为_____，不与机架相连的构件称为_____。

5. 铰链四杆机构的 3 种基本形式是_____、_____和_____。

6. 港口用起重机属于_____机构。

7. 公共汽车车门启闭机构属于_____机构。

8. 曲柄滑块机构是由曲柄摇杆机构中的_____长度趋于_____而演变来的。

9. 曲柄存在的条件是：最短杆与最长杆的长度之和_____或_____其他两杆的长度之和；

机架与连杆架中必有一根为_____。

10. 曲柄摇杆机构的_____不等于0，则急回特性系数就_____，机构就具有急回特性。

11. 平面连杆机构的"死点"位置，将使机构在传动中出现_____或发生运动方向_____等现象。

12. 导杆机构是由改变曲柄滑块机构中的_____位置演变而来的。

13. 描述急回运动快慢的参数为_____，其表达式为_____。

14. 已知曲柄摇杆机构的急回特性系数 $k = 1.5$，该机构的极位夹角 $\theta =$ _____。

二、判断题

1. 低副的承载能力比高副大。（   ）

2. 铰链四杆机构中都有曲柄。（   ）

3. $\theta = 0$ 时，机构具有急回特性。（   ）

4. 在生产中常利用从动件的运动惯性使机构顺利通过死点位置。（   ）

5. 所有构件都只能要同一平面内运动的机构称为平面机构。（   ）

6. 铰链四杆机构都有连杆和机架。（   ）

7. 在实际生产中，机构的"死点"位置对工作都是不利的，处处都要考虑克服。（   ）

8. 在曲柄摇杆机构中，曲柄的极位夹角可以等于0，也可以大于0。（   ）

三、选择题

1. 飞机起落架收放机构属于（   ）。

    A. 曲柄摇杆机构　　B. 双曲柄机构　　　　C. 双摇杆机构　　　　D. 导杆机构

2. 在铰链四杆机构中，与机架相连的杆称为（   ）。

    A. 摇杆　　　　　　B. 连架杆　　　　　　C. 连杆　　　　　　　D. 曲柄

3. 凸轮机构中凸轮与从动件的接触形式是（   ）。

    A. 移动副　　　　　B. 转动副　　　　　　C. 高副　　　　　　　D. 低副

4. 铰链四杆机构各构件以（   ）连接而成。

    A. 转动副　　　　　B. 移动副　　　　　　C. 高副　　　　　　　D. 空间运动副

5. 平面连杆机构急回特性系数 k（   ）时，机构有急回特性。

    A. ＜1　　　　　　B. ＝1　　　　　　　C. ＞1　　　　　　　D. 与1无关

6. （   ）能把等速运动转变为旋转方向与主动件相同的变速回转运动。

    A. 曲柄摇杆机构　　　　　　　　　　　　B. 不等长双曲柄机构

    C. 双摇杆机构　　　　　　　　　　　　　D. 导杆机构

7. 在曲柄摇杆机构中，只有当（   ）为主动件时，机构才会出现"死点"位置。

    A. 曲柄　　　　　　B. 摇杆　　　　　　　C. 连杆　　　　　　　D. 任意构件

四、名词解释

1. 运动副

2. 平面连杆机构

3. 急回特性

五、简答题

1. 判断下列各铰链四杆机构的类型。

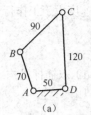

(a)

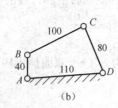

(b)

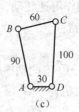

(c)

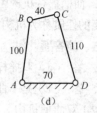

(d)

2. 在图 5-1-3 所示的四杆机构中，$L_{AB} = 60mm$，$L_{BC} = 40mm$，$L_{CD} = 90mm$，$L_{AD} = 100mm$。

（1）机构中，当取构件 AB 为机架时，是否存在曲柄？_____，（填"是"或"否"）。如把构件 CD 无限加长，将得到_____机构。

（2）当取构件 BC 为机架时，将得到_____机构。

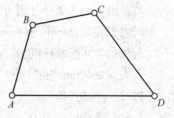

图 5-1-3 四杆机构

六、计算题

在铰链四杆机构中，机架长度为 30mm，两连架杆分别为 15mm 和 40mm，若使该机构为曲柄摇杆机构，求连杆的长度范围。

知识测评参考答案：

一、填空题

1. 构件　运动副

2. 平面运动副　空间运动副

3. 转动副　移动副

4. 机架　连杆

5. 曲柄摇杆机构　双曲柄机构　双摇杆机构

6. 双摇杆机构

7. 双曲柄机构

8. 摇杆　无穷大

9. 小于　等于　最短杆

10. 极位夹角　>1

11. 卡死　不确定

12. 固定

13. k　$k = \dfrac{180° + \theta}{180° - \theta}$

14. 36°

二、判断题

1. 对　2. 错　3. 错　4. 对　5. 错　6. 对　7. 错　8. 对

三、选择题

1. C　2. B　3. C　4. A　5. C　6. B　7. B

四、名词解释

1. 运动副是两构件直接接触，而又能产生一定相对运动的连接。

2. 平面连杆机构是由一些刚性构件用转动副和（或）移动副连接而成的在同一平面或相互平面内运动的机构。

3. 曲柄摇杆机构中，曲柄作等速转动，而摇杆摆动时空回行程的平均速度大于工作行程的平均速度的性质称为机构的急回特性。

五、简答题

1. 答：（a）双摇杆机构　（b）曲柄摇杆机构　（c）双曲柄机构　（d）双摇杆机构

2. 答：（1）是　曲柄滑块机构

（2）双曲柄机构

六、计算题

答：因为两连架杆分别为 15mm 和 40mm，该机构为曲柄摇杆机构。

所以 $L_{连杆} \geqslant 15\text{mm}$　…………………………………①

若机构为曲柄摇杆机构，需满足条件：$L_{min}+L_{max} \leqslant L_1+L_2$，且最短杆相邻杆为机架。

若 $L_{连杆} \geqslant 40\text{mm}$ 时：

$15+L_{连杆} \leqslant 30+40$

$L_{连杆} \leqslant 55\text{mm}$　………………………………②

若 $L_{连杆} < 40\text{mm}$ 时：

$15+40 \leqslant 30+L_{连杆}$

$L_{连杆} \geqslant 25\text{mm}$　………………………………③

由①、②、③联立解得

$25\text{mm} \leqslant L_{连杆} \leqslant 55\text{mm}$

第二节　凸 轮 机 构

 知识要求

知 识 点	要 　求
凸轮机构组成、特点、分类和应用	能结合生产实际进行凸轮机构分析、归类
凸轮机构从动件常用运动规律	知道从动件运动规律和凸轮轮廓曲线间关系，会画位移曲线
凸轮机构压力角	知道凸轮机构压力角对传动的影响
平面凸轮轮廓曲线的绘制方法	会画平面凸轮轮廓曲线
*凸轮和从动件端部材料及热处理方法	了解凸轮和从动件的材料、性质

 知识重点难点精讲

一、凸轮机构组成和应用实例

凸轮机构组成	由凸轮、从动件和机架等构件共同组成
应用实例	有仿形加工机构、绕线机构、机械夹持机构、自动送料机构等

二、凸轮机构分类

按凸轮形状分类	盘形凸轮，移动凸轮，圆柱凸轮
按从动件形状分类	尖顶从动件，滚子从动件，平底从动件

三、压力角对机构传动的影响

压力角：凸轮作用于从动件的法向力方向与从动件运动方向之间的夹角，用 α 表示，它是凸轮机构在作用点的压力角，它当然也会随着作用点的变化而变化。

机构压力角增大	机构有效分力减小，摩擦力增大，当压力角 α 增大到某一数值时，则从动件将会发生自锁现象，故移动从动件凸轮机构取许用压力角$[\alpha] = 30°$，摆动从动件凸轮机构取$[\alpha] = 45°$
机构压力角减小	压力角 α 也不是越小越好，通常压力角 α 越小，则凸轮基圆半径越大，即凸轮尺寸越大，机构不紧凑

知识拓展

一、认识对心直动从动件盘形凸轮机构和偏置直动从动件盘形凸轮机构

如图 5-2-1（a）所示，直动从动件盘形凸轮机构中，从动件导路通过凸轮轴心的，称为对心直动从动件盘形凸轮机构，不然则是偏置直动从动件盘形凸轮机构。

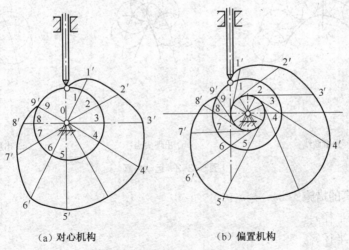

（a）对心机构　　　　　　　　（b）偏置机构

图 5-2-1　对心机构和偏置机构

二、理论轮廓曲线和实际轮廓曲线

对于尖顶从动件凸轮机构，它的实际轮廓曲线就是理论轮廓曲线，如图 5-2-2（a）所示。
对于滚子从动件凸轮机构，以理论轮廓各点为圆心，滚子 r_T 为半径，作一族滚子圆，再作这族圆的内包络线，即得凸轮的实际轮廓曲线，如图 5-2-2（b）所示。

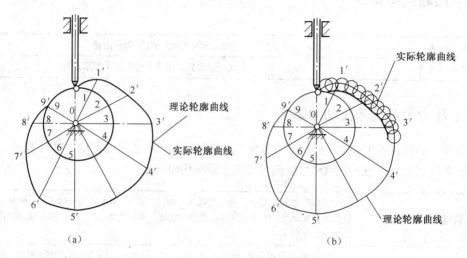

（a）　　　　　　　　　　（b）

图 5-2-2　理论轮廓曲线和实际轮廓曲线

三、运动失真

所谓运动失真是指由于某种原因使推杆不能按预期的运动规律运动的现象。例如，对于外凸的凸轮轮廓，如果滚子半径大于轮廓的最小曲率半径，则作出的实际轮廓会出现交叉，加工时这部分轮廓被切去，致使从动件不能按预期运动规律运动，引起运动失真，如图 5-2-3 所示。

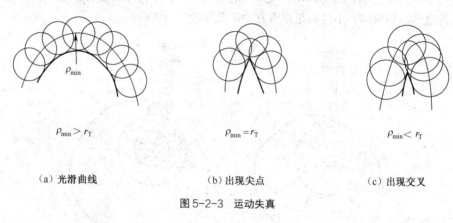

$\rho_{min} > r_T$　　　　　　　$\rho_{min} = r_T$　　　　　　　$\rho_{min} < r_T$

（a）光滑曲线　　　　　　（b）出现尖点　　　　　　（c）出现交叉

图 5-2-3　运动失真

避免运动失真的措施
① 减小滚子半径 r_T；
② 增大基圆半径 r_b。

 例题解析

例 1：用作图法设计凸轮轮廓曲线。

对心直动尖顶从动件盘形凸轮机构，若已知凸轮的基圆半径 $r_b = 25mm$，凸轮以等角速度 ω 逆时针方向回转。从动件的运动规律如下表所示。

序　号	凸轮运动角（φ）	从动件的运动规律
1	0°～120°	等速上升 $h = 20\text{mm}$
2	120°～150°	从动件在最高点位置
3	150°～210°	等速下降 $h = 20\text{mm}$
4	210°～360°	从动件在最低位置

分析： 当从动件的运动规律已经选定并作出了位移曲线图后，各种平面凸轮的轮廓曲线都可以用作图法求出，作图法的依据为"反转法"。

解答： 利用作图法设计凸轮轮廓曲线的作图步骤如下。

（1）选取适当的比例尺 μ_1，根据运动规律画出位移曲线图。分别以凸轮转角 φ 为横坐标，以从动件上升位移 s 为纵坐标，画出对应运动位移曲线，如图 5-2-4（b）所示。

（2）以相同的比例尺取 r_b 为半径作凸轮基圆。

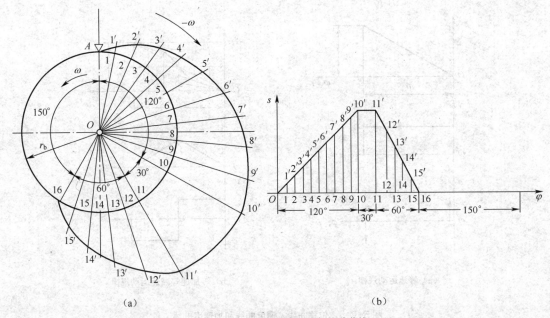

（a）　　　　　　　　　　　　　　　　（b）

图 5-2-4　凸轮的轮廓曲线与位移曲线

（3）将基圆和位移曲线在升程和回程分成相对应的若干等分（凸轮精度要求高时，分度值取小些，反之可以取大些）。

（4）依次截取位移曲线上对应等分点纵坐标截长，并运用凸轮反转方法，在凸轮旋转相反方向上，对应加至相应角度基圆等分径向线延长线上得对应点。

如在凸轮初始旋转 0°～120° 从动件等速上升过程中，位移曲线横坐标分成了 10 份，根据反转法原理，从 A 点开始，将凸轮运动角顺时针方向按 12° 进行等分，则各等分径向线 $O1$，$O2$，……$O10$ 即为从动件在反转运动中所依次占据的位置。

依次截取位移曲线上对应等分点纵坐标截长加至相应角度基圆等分径向线延长线上即可。

用光滑曲线连接 A→10′，即得从动件升程时凸轮的轮廓线。

（5）凸轮再转过 30° 时，由于从动件停在最高位置，故该段轮廓线为一圆弧。以 O 为圆心，以 $O10'$ 为半径画圆弧。

（6）当凸轮再转过 60° 时，从动件等速下降，其轮廓线可仿照上述步骤进行。

（7）最后，凸轮转过其余的 150° 时，从动件停在最低位置，该段又是一段圆弧。

按以上作图法绘制的光滑封闭曲线即为凸轮廓曲线，如图 5-2-4（a）所示。

例 2：分析运动规律。

比较等速运动规律和等加速、等减速运动规律的位移曲线、速度曲线和加速度曲线，分析其运动特点和适用场合。

分析：等速运动规律和等加速、等减速运动规律的位移曲线、速度曲线和加速度曲线各具特点，且位移、速度和加速度等均可以进行定量计算，但其曲线图像更直观，对分析其运动特点和适用场合很有启发。

解：（1）等速运动规律和等加速、等减速、运动规律位移曲线、速度曲线和加速度曲线如图 5-2-5 所示。

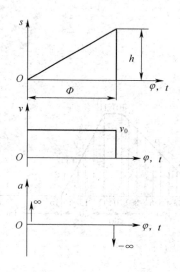
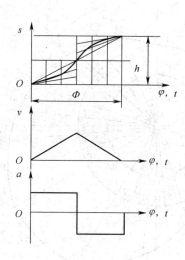

（a）等速运动规律　　　　　　　　　（b）等加速等减速运动规律

图 5-2-5　位移曲线、速度曲线和加速度曲线

（2）等速运动规律和等加速、等减速运动规律的运动特点和适用场合如下表所示。

运 动 规 律	特　　　　点	适 用 场 合
等速运动规律	刚性冲击，速度有突变，加速度理论上由零至无穷大，从而使从动件产生巨大惯性力，构件受到强烈冲击	低速轻载
等加速等减速运动规律	速度由零开始作等加速运动，至一半行程时转为等减速运动，到达全程最高点时，上升速度趋近于零，避免了刚性冲击	中速轻载
	加速度在前后半程发生有限值的突变，引起惯性力的突变，会使机构发生柔性冲击	

 习题解答

1. 答：生活中接触到的凸轮机构实例及量型如下表所示。

序 号	实 例	类 型
1	手动修鞋机	盘形凸轮
2	配钥匙机	移动凸轮
3	凸轮开关	盘形凸轮

2. **解：**该从动件的位移曲线如图 5-2-6 所示。

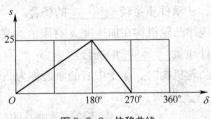

图 5-2-6 位移曲线

3. **解：**位移曲线和凸轮轮廓曲线如图 5-2-7 所示（也可分开画）。

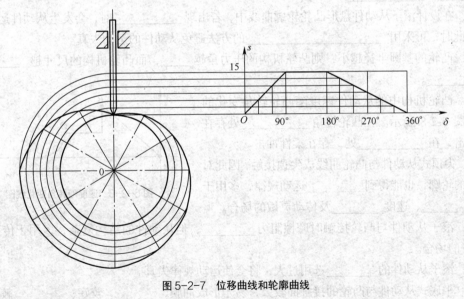

图 5-2-7 位移曲线和轮廓曲线

 知识测评

一、填空题

1. 凸轮机构主要是由_____、_____和固定机架 3 个基本构件所组成。

2. 按凸轮的形状分类，主要有_____凸轮、_____凸轮和_____凸轮 3 种基本类型。

3. 按凸轮从动件的形状分类，主要有_____从动件、_____从动件和_____从动件 3 种基本类型。

4. 以凸轮的理论轮廓曲线的最小半径所作的圆称为凸轮的_____。

5. 凸轮理论轮廓曲线上某点的法线方向（即从动杆的受力方向）与从动杆速度方向之间的夹角称为凸轮在该点的_____。

6. 随着凸轮压力角 α 增大，有害分力 F_2 将会_____，从而使从动杆自锁"卡死"，通常对移动式从动杆，推程时限制压力角_____。

7. 从动件自最低位置升到最高位置的过程称为_____，推动从动件实现这一过程相对应的凸轮转角称为_____。

8. 从动件的位移 s 与凸轮转角 φ 的关系可用_____表示。等速运动规律的位移曲线为一条_____，等加速等减速运动规律的位移曲线是_____。

9. 等速运动规律凸轮机构在从动件速度变化时将产生_____冲击，引起机构强烈的振动，因此只适用于凸轮作_____，从动件质量较_____的场合。

10. 等加速、等减速运动规律凸轮机构在加速度 a 有限值的突变时将产生_____冲击，只适用于凸轮作_____，从动件质量_____的场合。

11. 设计滚子从动件盘形凸轮机构时，滚子中心的轨迹称为凸轮的_____曲线；与滚子相内包络的凸轮廓线称为_____曲线。

12. 盘形凸轮的基圆半径是_____上距凸轮转动中心的最小向径。

13. 在凸轮工作轮廓的设计和校核过程中，凸轮工作轮廓必须满足以下需求：_____、_____、_____。

14. 在设计滚子从动件盘形凸轮轮廓曲线中，若出现_____时，会发生从动件运动失真现象。此时，可采用_____的方法避免从动件的运动失真。

15. 凸轮的基圆半径越小，则凸轮机构的压力角越_____，而凸轮机构的尺寸越_____，凸轮机构_____。

16. 凸轮机构中的从动件速度随凸轮转角变化的线图如图 5-2-8 所示。在凸轮转角_____处存在刚性冲击，在_____处，存在柔性冲击。

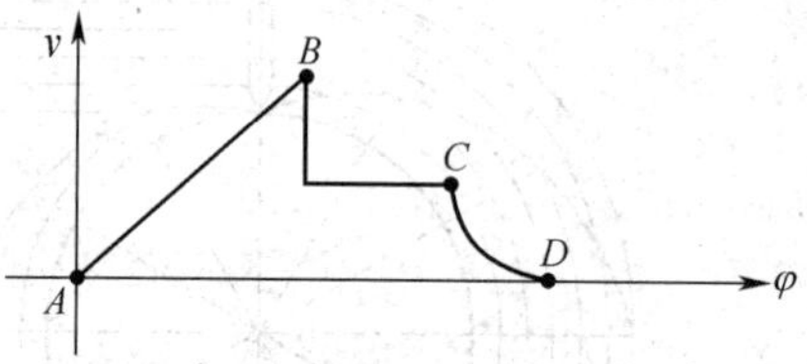

17. 尖顶式从动件与凸轮曲线成尖顶接触，因此对较复杂的轮廓，也能得到_____运动规律，多用于传力_____、速度_____及传动灵敏的场合。

图 5-2-8　速度随转角变化线图

18. 滚子从动件与凸轮接触时摩擦阻力_____，但从动件的结构复杂，多用于传力要求_____的场合。

19. 滚子从动件的_____选用过大，将会使运动规律失真。

20. 平底式从动件与凸轮的接触面较大，易于形成油膜，_____较好、_____较小，常用于没有_____曲线的凸轮上作高速运动。

二、判断题

1. 凸轮机构广泛用于机械自动控制。（　　　）

2. 凸轮机构是高副机构，凸轮与从动件接触处难以保持良好的润滑而易磨损。（　　　）

3. 凸轮机构仅适用于实现特殊要求的运动规律而又传力不太大的场合，且不能高速启动。（　　　）

4. 凸轮在机构中通常是主动件。（　　　）

5. 柱体凸轮机构，凸轮与从动件在同一平面或者相互平行的平面内运动。（　　　）

6. 采用等加速、等减速运动规律，从动件在整个运动过程中速度不会发生突变，因而没有冲击。（　　　）

7. 平底从动件润滑性能好，摩擦阻力较小，并可用于实现任意运动规律。（　　　）

8. 盘形凸轮的轮廓曲线形状取决于凸轮半径的变化。（　　　）

9. 从动件的运动规律，可以说是凸轮机构的工作目的。（　　　）

10. 在盘形凸轮机构中，凸轮曲线轮廓的径向差与从动件移动的最大距离是对应相等的。（　　　）

11. 能使从动件按照工作要求实现复杂运动的机构都是凸轮机构。（　　　）

12. 从动件的运动规律是受凸轮轮廓曲线控制的，所以，凸轮机构的实际工作要求一定要按凸轮现有轮廓曲线制定。（　　　）

13. 由于盘形凸轮制造方便，所以最适用于较大行程的传动。（　　　）

14. 移动凸轮是相对机架作直线往复运动。（　　　）

15. 压力角的大小影响从动件的正常工作和凸轮机构的传动效率。（　　　）

16. 凸轮轮廓曲线上各点的压力角是不变的。（　　　）

17. 滚子从动件凸轮机构中，凸轮的实际轮廓曲线和理论轮廓曲线是同一条线。（　　　）

18. 滚子从动件的滚子半径选用得过小，将会使运动规律失真。（　　　）

19. 凸轮机构发生的柔性冲击是因为从动件加速度有限突变而引起的。（　　　）

20. 为避免刚性冲击，可用 $r = h / 2$ 的圆弧对等速运动的位移曲线进行修正。（　　　）

三、选择题

1. 决定从动件预定的运动规律是（　　　）。
   A. 凸轮转速　　　　B. 凸轮轮廓曲线　　　　C. 凸轮形状　　　　D. 从动件形式

2. 凸轮与从动件接触处的运动副属（　　　）。
   A. 转动副　　　　B. 移动副　　　　C. 高副　　　　D. 低副

3. 传动要求速度不高、承载能力较大的场合常应用的从动件形式为（　　　）。
   A. 尖顶式　　　　B. 平底式　　　　C. 滚子式　　　　D. 曲面式

4. （　　　）从动件对于较复杂的凸轮轮廓曲线，也能准确地获得所需要的运动规律。
   A. 尖顶式　　　　B. 平底式　　　　C. 滚子式　　　　D. 曲面式

5. （　　　）从动件磨损较小，适用于没有内凹槽凸轮轮廓曲线的高速凸轮机构。
   A. 尖顶式　　　　B. 平底式　　　　C. 滚子式　　　　D. 曲面式

6. （　　　）机构从动件的行程不能太大。
   A. 盘形凸轮　　　　B. 圆柱凸轮　　　　C. 移动凸轮　　　　D. 空间凸轮

7. （　　　）机构可使从动件得到较大的行程。
   A. 盘形凸轮　　　　B. 圆柱凸轮　　　　C. 移动凸轮　　　　D. 以上均可

8. 下列选项中，属于空间凸轮机构的是（　　　）。
   A. 盘形凸轮　　　　B. 圆柱凸轮　　　　C. 移动凸轮　　　　D. 以上均可

9. 计算凸轮机构从动件行程的基础是（　　　）。
   A. 基圆　　　　B. 转角　　　　C 轮廓曲线　　　　D. 压力角

10. 凸轮压力角的大小与基圆半径的关系是（　　　）。
    A. 基圆半径越小，压力角越小　　　　B. 基圆半径越大，压力角越小

  C. 基圆半径与压力角无关　　　　　D. 基圆半径不变，压力角越小

11. 压力角减小时，对凸轮机构的工作（　　　）。

  A. 不利　　　　　　B. 有利　　　　　C. 无影响　　　　　D. 出现自锁

12. 按等速运动规律工作的凸轮机构（　　　）。

  A. 会产生刚性冲击　　　　　　　　B. 会产生柔性冲击

  C. 不会产生冲击　　　　　　　　　D. 既产生刚性冲击，又产生柔性冲击

13. （　　　）是影响凸轮机构结构尺寸大小的主要参数。

  A. 滚子半径　　　　B. 压力角　　　　C. 基圆半径　　　　D. 以上均不是

14. 为保证从动件的工作顺利，凸轮轮廓曲线推程段的压力角应取（　　　）。

  A. 大些　　　　　　B. 小些　　　　　C. 任意角　　　　　D. 以上均不是

四、名词解释

1. 凸轮机构

2. 凸轮

3. 凸轮机构压力角

4. 位移曲线

5. 基圆

五、简答题

1. 凸轮轮廓曲线和从动件运动规律之间存有何种关系？

2. 压力角对机构传动有何影响？

3. 凸轮理论轮廓曲线和实际轮廓曲线的区别。

4. 试叙述凸轮和从动件端部的常用材料及热处理方法。

六、计算题

在图 5-2-9 所示对心直动尖顶从动件盘形凸轮机构中，凸轮
为一偏心圆，O 为凸轮的几何中心，O_1 为凸轮的回转中心，直

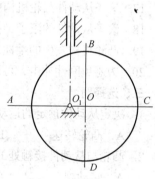

图 5-2-9　计算题图

线 AC 与 BD 垂直，且 $O_1O = \dfrac{OA}{2} = 40\text{mm}$，试计算：

（1）该凸轮机构中 C 点的压力角；

（2）该凸轮机构从动件的行程 h。

七、操作题

写出如图 5-2-10 所示凸轮机构的名称，并在图中作出（或指出）：
（1）基圆半径 $r_{\min}$；（2）理论轮廓线；（3）实际轮廓线；（4）行程 h；（5）A 点的压力角。

知识测评参考答案：

一、填空题

1. 凸轮　从动件

2. 盘形　移动　圆柱

3. 尖顶　滚子　平底

4. 基圆

5. 压力角

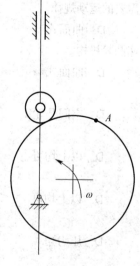

图 5-2-10

6. 增大　不大于 30°

7. 推程　推程运动角

8. 位移曲线　直线　抛物线

9. 刚性　低速转动　小

10. 柔性冲击　中、低速转动　不大

11. 理论轮廓　实际轮廓（工作轮廓）

12. 理论轮廓曲线

13. 从动件在所在位置都能准确地实现给定的运动规律　机构传力性能要好不能自锁　机构尺寸要紧凑

14. 从动件末端一系列位置的包络线自交　$\rho_{min}>r_T$

15. 大　小　紧凑

16. B　ACD

17. 准确的任意　小　低

18. 小　较大

19. 滚子半径

20. 润滑性能　摩擦阻力　凹形

二、判断题

1. 对　2. 对　3. 错　4. 对　5. 错　6. 错　7. 错　8. 错　9. 对　10. 对　11. 错　12. 错
13. 错　14. 错　15. 对　16. 错　17. 错　18. 错　19. 对　20. 对

三、选择题

1. B　2. C　3. C　4. A　5. B　6. A　7. B　8. B　9. A　10. B　11. B　12. A
13. C　14. B

四、名词解释

1. 凸轮机构是由凸轮、从动件和机架共同组成的，能完成特定输出运动的高副机构。

2. 凸轮是一个具有特殊曲线轮廓或凹槽的构件，通常作为机构原件并作等速转动或移动。

3. 从动件的运动方向和凸轮作用于它的法向力之间所夹的角 α 称为凸轮机构在该点的压力角。

4. 如果将从动件的位移 s 与凸轮转角 δ 的关系用曲线表示，此曲线称为从动件的位移曲线。

5. 答：以凸轮的转动中心 O 为圆心，以凸轮的最小向径 r_0 为半径所作的圆称为基圆。

五、简答题

1. 答：凸轮轮廓曲线是根据从动件运动规律进行设计的，常见从动件有等速运动和等加速等减速运动等。

2. 答：机构压力角 α 越大，侧向分力越大，机构的效率越低，且易出现自锁现象。通常对直动从动件凸轮机构取许用压力角 $[\alpha]=30°$，对摆动从动件取 $[\alpha]=45°$。

3. 答：对于尖顶从动件凸轮机构，它的实际轮廓曲线就是理论轮廓曲线；对于滚子从动件凸轮机构，以理论轮廓曲线各点为圆心，滚子 r_T 为半径，作一族滚子圆，再作这族圆的内包络线，即得凸轮的实际轮廓曲线。

4. 答：凸轮和从动件端部的常用材料及热处理方法如下表所示。

工 作 条 件	材 料	热 处 理
低速轻载	QT800-2、40、45	调质
中速轻载	45、40Cr	调质、表淬
中速重载	20、20Cr、20CrMnTi	表面渗碳、淬火+低温回火
高速重载	GCr15	淬火+低温回火
	35CrMo、38CrMoAla	表面渗氮

六、计算题

解：（1）$0°$；（2）$h = 80mm$。

七、操作题

解：略。（注意：基圆半径和 A 点的压力角均应根据理论轮廓曲线画出）

第三节　间歇运动机构

知识要求

知 识 点	要 　 求
棘轮机构的组成、特点和应用	了解棘轮机构组成和特点、能应用举例
槽轮机构的组成、特点和应用	了解棘轮机构组成和特点、能应用举例

知识重点难点精讲

一、间歇运动机构功用与常用类型

1. 功用

将主动件的匀速转动转换为时动时停的周期性从动运动的机构。

2. 常用类型

间歇运动机构的常用类型有棘轮机构和槽轮机构。

二、棘轮机构

1. 组成部分

棘轮机构主要由棘轮、棘爪、机架等。

2. 工作原理

利用棘爪推动棘轮上的棘齿，反向从齿背上滑回的方式，以实现周期性间歇运动的机构。

3. 常见类型及特点

类　　型	结　构　特　点
单动式棘轮机构	为保证棘轮静止可靠和防止棘轮反转，可以安装止回棘爪
双动式棘轮机构	主动件摆动一次，两个棘爪先后勾动或推动棘轮运动两次
双向式棘轮机构	棘爪可以绕其自身轴线旋转，分别实现正反两个方向的间歇转动
内接式棘轮机构	自行车后轴上安装的"飞轮"

4. 工作特点

结构简单、制造方便、运动可靠，而且棘轮轴每次转过角度的大小可以在较大的范围内调节。缺点是工作时有较大的冲击和噪声，而且运动精度较差。棘轮机构常用于速度较低和载荷不大的场合。

三、槽轮机构

1. 组成部分

槽轮机构主要由曲柄、圆销、具有径向槽的槽轮、机架等组成。

2. 工作原理

利用圆销插入轮槽拨动槽轮转动，圆销脱离轮槽槽轮就停止转动的方式，以实现周期性间歇运动的机构

3. 常见类型及特点

类　　型		结　构　特　点
外啮合式	单圆销外啮合式	曲柄等速旋转一周，槽轮旋转方向与曲柄相反完成一次间歇运动
	双圆销外啮合式	曲柄等速旋转一周，槽轮旋转方向与曲柄相反完成两次间歇运动
内啮合式		曲柄等速旋转一周，槽轮旋转方向与曲柄相同完成一次间歇运动。槽轮相对静止不动的时间较短，且运动平稳性好，但该机构只能有一个圆销

4. 工作特点

结构简单，外形尺寸小，机械效率高，间歇转位较平稳。但因传动时尚存在柔性冲击，故常用于速度不太高的场合。

四、间歇机构应用举例

棘轮机构：牛头刨床工作台横向进给机构、起重葫芦。

槽轮机构：放映机卷片机构、刀架转位机构。

 知识拓展

一、摩擦式棘轮机构的工作特点

（1）齿式棘轮机构的棘轮转角变化是以棘轮的轮齿为单位的，而摩擦式棘轮机构转角大小的变化不受轮齿的限制，即属于无级变化。

（2）利用摩擦力使棘轮作间歇运动，不能承受较大的载荷，否则将产生滑动。

（3）传动噪声小。

二、棘轮转角的大小与调节方法

1. 最小转角

$$\theta_{\min} = \frac{360°}{z} \quad （z\text{ 为棘轮齿数}）$$

2. 棘轮转角调节方法

（1）改变摇杆摆角的大小。曲柄的长度与摇杆摆角成正比例关系，增大曲柄长度，摇杆摆角则增大，从而棘轮的转角也相应增大；反之，棘轮转角减小。

（2）改变遮板位置。棘轮装在可转动的罩壳内，通过罩壳缺口，露出部分棘轮轮齿，从而使棘轮的行程有部分在罩壳侧面的遮板上滑过，不能与棘轮轮齿接触推动棘轮，这样，通过遮板在摇杆摆动范围内遮住轮齿的不同，就可实现棘轮转角的调节。此方法不适用于摩擦式棘轮机构。

三、槽轮机构

1. 槽轮转角

$$\theta = \frac{360°}{n} \quad （n\text{ 为轮槽数，}n \geqslant 3）$$

2. 转向与转角均不可调节。

四、间歇运动的其他机构

1. 间歇齿轮机构

（1）由齿轮机构演变。

（2）只能主动轮是欠齿的，否则不能实现间歇运动。

（3）只有当欠齿轮上的齿和从动轮啮合时才推动从动轮转动，否则从动轮停止。

2. 空间间歇机构

常用蜗杆凸轮式。

 例题解析

例1：槽轮机构可以方便地改变从动件的转角和转角。（　　　）

分析：此题为槽轮机构的工作特点的考查。棘轮机构的转角是可以调节的，但槽轮机构的转角是不可以调节的。

解答：本题答案为"错"。

例2：某机床横向进给机构，采用曲柄摇杆机构带动棘轮机构、丝杆联动，实现横向进给。已知摇杆摆角为45°，摇杆往复摆动一次推动棘轮转过10个齿，丝杆导程为8mm。求：

（1）棘轮齿数z，棘轮的最小转角$\theta_{\min}$；

（2）当要求$L = 0.5$mm 时，应调整遮板遮住多少个棘齿？

分析：由曲柄摇杆机构带动棘轮机构的工作原理可知，棘爪摆角与摇杆摆角相同，棘轮转角与棘爪摆角相同。

解答：

（1）$\theta_{min} = \dfrac{45°}{10} = 4.5°$；$Z = \dfrac{360°}{4.5°} = 80$

（2）因为 $L_{min} = \dfrac{\theta_{min}}{360°} \times P_h = \dfrac{4.5°}{360°} \times 8 = 0.1mm$

所示当要求 $L = 0.5mm$ 时，棘轮应推过的齿数为 $L/L_{min} = 5$，应调整遮板遮住的齿数 $z = 10-5 = 5$。

 习题解答

1.

内容\机构	组 成	特 点	应 用 实 例
棘轮机构	棘轮、棘爪和机架等	能将主动件的匀速转动转换为从动件的间歇运动。机构结构简单、制造方便、运动可靠、而且棘轮机构可以多样调节。用于速度较低和载荷不大的场合	牛头刨床工作台横向进给机构起重葫芦等
槽轮机构	曲柄、圆销、槽轮和机架等	能将主动件的匀速转动转换为从动件的间歇运动。机构结构简单、外形尺寸小，机械效率高，间歇转位平稳，但转向与转角均不可调节。用于速度不太高的场合	放映机卷片机构、刀架转位机构等

2. 视觉暂留现象。

3. 间歇齿轮机构。间歇齿轮机构由齿轮机构演变，只能主动轮是欠齿的，否则不能实现间歇运动。只有当欠齿轮上的齿和从动轮啮合时才推动从动轮转动，否则从动轮停止。

 **知识测评**

一、填空题

1. 间歇运动机构是将主动件的_____转换成从动件_____间歇运动。常用的间歇运动机构有_____和_____。

2. 棘轮机构由_____、_____和_____组成，为_____副机构。

3. 双向式棘轮机构的棘轮，它的齿槽是_____的，一般单向运动的棘轮齿槽是_____的。

4. 槽轮机构主要是由_____、_____、_____、机架等构件组成。

5. 外啮合槽轮机构槽轮的转向与曲柄的转向_____；内啮合槽轮机构槽轮的转向与曲柄的转向_____。

6. 双圆销外啮合槽轮机构，当曲柄转一周，槽轮转过_____槽口。

7. 齿式棘轮机构的转角常采用_____ _____和_____ _____方法调节。

8. 齿式棘轮机构的最小转角由_____决定。

9. 对于四槽单圆销外啮合槽轮机构，曲柄每转一周，槽轮转过_____度。

10. 棘轮机构工作时有较大的冲击和噪声，而且运动精度_____，常用于_____。

11. 槽轮机构的静止可靠和不反转，是通过槽轮机构与曲柄的_____实现。曲柄上有_____弧，槽轮上有_____弧。

12. 主动件转速一定时，槽轮机构的间歇周期取决于_____和_____。

13. 槽轮机构的主动件是_____，它作_____运动，具有_____槽的槽轮是从动件。

14. 欲减小槽轮机构中槽轮的静止时间，可采用_____方法实现。

15. 槽轮机构在圆销未进入或已脱离槽轮径向槽时，槽轮处于_____状态。

二、判断题

1. 槽轮的主动件是槽轮。（　　）

2. 棘轮机构能将主动件的直线往复运动转换成从动件的间歇运动。（　　）

3. 槽轮机构无刚性冲击，可用于高速运动。（　　）

4. 槽轮机构与棘轮机构一样都可实现转角大小的调节。（　　）

5. 内啮合槽轮机构中圆销数只能是1个。（　　）

6. 棘轮机构的主动件一般是棘轮。（　　）

7. 自行车后轴的"飞轮"实际上是棘轮机构。（　　）

8. 利用曲柄摇杆机构带动的棘轮机构，棘轮的转向与摇杆的转向是相同的。（　　）

9. 放映机用槽轮机构带动胶带连续不断地通过镜头实现放映。（　　）

10. 棘轮机构中的棘轮只能作单向转动。（　　）

11. 牛头刨床工作台横向进给机构运用了棘轮机构。（　　）

12. 双向式棘轮机构的棘爪可以使棘轮实现正反两个方向的间歇转动。（　　）

13. 槽轮工作中的转速是等速的。（　　）

三、选择题

1. 当从动件的转角需要经常改变时，可用（　　）实现。

　　A. 间歇机构　　　　B. 槽轮机构　　　　C. 棘轮机构　　　　D. 齿轮机构

2. 常用棘轮的齿形是（　　）。

　　A. 矩形　　　　　　B. 锯齿形　　　　　C. 三角形　　　　　D. 梯形

3. 下列棘轮机构的特点中，（　　）是不正确的。

　　A. 结构简单　　　　　　　　　　　　B. 有较大的冲击

　　C. 运动精度较高　　　　　　　　　　D. 用于载荷不大的场合

4. 需经常改变棘轮回转方向时，可采用（　　）。

　　A. 单动式棘轮机构　　　　　　　　　B. 双动式棘轮机构

　　C. 双向式棘轮机构　　　　　　　　　D. 内接式棘轮机构

5. 双动式棘轮机构与单动式棘轮机构相比，同等条件下，前者工作中停歇时间（　　）。

　　A. 长　　　　　　　B. 短　　　　　　C. 与后者相同　　　D. 不能确定

6. 单向超越离合器内部常用的结构是（　　）。

　　A. 单动式棘轮机构　　　　　　　　　B. 双动式棘轮机构

　　C. 双向式棘轮机构　　　　　　　　　D. 摩擦式棘轮机构

7. 下列槽轮机构槽口数目比较适宜的是（　　）。

　　A. 1　　　　　　　B. 2　　　　　　　C. 3　　　　　　　D. 4

8. 对于四槽双圆销外啮合槽轮机构，曲柄每转一周，槽轮转过（　　）度。

　　A. 45　　　　　　　B. 120　　　　　　C. 180　　　　　　D. 90

9. 六角车床的刀架转位机构采用的是（　　）。

　　A. 棘轮机构　　　　B. 槽轮机构　　　　C. 齿轮机构　　　　D. 凸轮机构

10. 一单圆销三槽轮外啮合机构，当主动曲柄顺时针转 3 周，则槽轮将（　　　　）。

    A. 顺时针转 2 周   B. 顺时针转 1 周

    C. 逆时针转 2 周   D. 逆时针转 1 周

11. 由曲柄摇杆机构带动的棘轮机构，增大曲柄的长度，棘轮的转角（　　　　）。

    A. 减小   B. 增大   C. 不变   D. 不能确定

12. 要实现棘轮机构中棘轮转角大小的任意改变，可选择（　　　　）。

    A. 可变向棘轮机构   B. 摩擦式棘轮机构

    C. 止回棘轮机构   D. 双向棘轮机构

13. 以下应用实例中，从动件的转角可经常改变的是（　　　　）。

    A. 电影放映机卷片机构   B. 刀架自动转动机构

    C. 压制蜂窝煤工作台间歇机构   D. 冲床自动转位机构

四、名词解释

1. 棘轮机构

2. 槽轮机构

五、简答题

1. 如图 5-3-1 所示的牛头刨床的进给机构，已知其横向进给丝杠导程 $P_h = 6mm$，棘轮齿数 $z = 60$。

（1）该机构由_____、_____、_____和棘轮机构组成。

（2）图中 AB、BC、DA 组成的_____机构具有特性，该机构可演化成_____机构。

（3）若摇杆的摆角为 $60°$，摇杆往复摆动一次，则推动棘轮转过_____个齿，此时工作台的进给量为_____，最小进给量为_____。

2. 图 5-3-2 示为打字机换行机构，棘轮齿数 $z = 60$，棘轮带动的输纸皮棍直径 $d = 40mm$。试解答：

（1）该机构由_____、_____和棘轮机构组成，各构件名称：1_____，2_____，3_____，4_____。

图 5-3-1

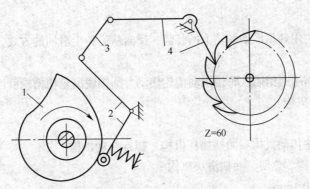

图 5-3-2

（2）当棘轮每转过 2 齿或 3 齿，打字机移动的行距各是多少？（取 $\pi = 3$）

（3）按图示位置，棘轮正处于_____状态。（A 停止　B 转动）

六、计算题

1. 一送进机构，已知进给丝杆导程 $P_h = 4mm$，若要求最小进给量 $L_{min} = 0.2mm$，求与丝杆联动棘轮的最小齿数。

2. 已知一单圆销六槽槽轮机构，若曲柄转速 $n_1 = 60r/min$，求槽轮每次转角大小与所花时间是多少？

知识测评参考答案：

一、填空题

1. 连续转动　周期性　棘轮机构　槽轮机构

2. 棘轮　棘爪　机架　高

3. 梯形　锯齿形

4. 曲柄　圆销　具有径向槽的槽轮

5. 相反　相同

6. 两个

7. 改变摇杆摆角大小　改变遮板位置

8. 棘轮齿数

9. 90

10. 较差　速度较低和载荷不大的场合

11. 锁止圆弧　锁止凸弧　锁止凹弧

12. 圆销数　径向槽数

13. 曲柄　连续等速回转　径向

14. 适当增加圆销数

15. 静止

二、判断题

1. 错　2. 错　3. 错　4. 错　5. 对　6. 错　7. 对　8. 错　9. 错　10. 错　11. 错　12. 对　13. 错

三、选择题

1. C　2. B　3. C　4. C　5. B　6. A　7. D　8. C　9. B　10. D　11. B　12. B　13. D

四、名词解释

1. 棘轮机构是利用棘爪推动棘轮上的棘齿，反向从齿背上滑回的方式，以实现周期性间歇运动的机构。

2. 槽轮机构是利用圆销插入轮槽拨动槽轮转动，圆销脱离轮槽槽轮就停止转动的方式，以实现周期性间歇运动的机构。

五、简答题

1. 答：（1）齿轮传动机构　曲柄摇杆机构　螺旋传动机构

（2）曲柄摇杆机构　急回　曲柄滑块机构

（3）10　1mm　0.1mm

2. 答：（1）凸轮机构　平面连杆机构　凸轮　从动件（摇杆）　连杆　棘抓（摇杆）

（2）$z_1 = 2$ 时，$l = z_1/z\pi d = 2/60 \times 3 \times 40 = 4$ mm

$z_1 = 3$ 时，$l = z_1/z\pi d = 3/60 \times 3 \times 40 = 6$ mm

（3）停止

六、计算题

1. **解**：因为 $L_{min} = \dfrac{1}{z_{min}} \times P_h$

$$0.2 = \dfrac{1}{z_{min}} \times 4$$

所以 $z_{min} = 20$（个）

2. **解**：槽轮每次转角大小是：$\theta = \dfrac{360°}{6} = 60°$

因为曲柄转速 $n_1 = 60$ r/min

所以周期 $T = \dfrac{1}{60}$ min $= 1$ s

又因为 $T_{动} = K \times \dfrac{z-2}{z \times 2} \times T = 1 \times \dfrac{6-2}{6 \times 2} \times 1 = \dfrac{1}{3}$ s

所以槽轮每次转角所花时间是 $\dfrac{1}{3}$ s。

第六章

气压传动

知识要求

知 识 点	要 求
气压传动的工作原理及组成	了解气压传动的工作原理及组成
气体的基本特性及理想气体状态方程	了解气体的基本特性及理想气体状态方程
气源装置、气动三大件	掌握气源装置、气动三大件的作用及图形符号的画法
气动执行元件、气动控制元件	了解气动执行元件、气动控制元件，掌握其图形符号的画法
气动基本回路	了解气动基本回路，能进行简单气动控制系统分析

知识重点难点精讲

一、气压传动基本概念

1. 气压传动的工作原理

气压传动是以压缩空气为动力的传动方式。

气压传动的工作原理是利用空气压缩机把电动机输出的机械能转化为空气的压力能，然后在控制元件的控制下，通过执行元件把压力能转化为机械能，从而完成各种动作并对外做功。

2. 气压传动的组成

组 成	主要气动元件	作 用
动力元件	气源装置	将原动机供给的机械能转换为空气的压力能并经净化，提供洁净的压缩空气
执行元件	气缸、气动马达	将气体的压力能转换为机械能，并输出到工作机构
控制元件	压力阀、流量阀、方向阀、逻辑元件等	用以控制调节压缩空气的压力、流量、流动方向以及系统执行机构的工作程序
辅助元件	各种过滤器、油雾器、消音器、管件等	使压缩空气净化、润滑、消声以及元件间连接等

3. 气体的基本特性

① 空气的组成。自然界的空气是由若干气体混合而成的，其主要成分是氮（N_2）和氧（O_2），其他气体所占的比例较小，此外，空气中还含有一定量的水蒸气。

② 湿空气。含有水蒸气的空气称为湿空气，当空气中水蒸气的含量超过某一限量时，空气中就有水滴析出，这种极限状态下的湿空气称为饱和湿空气。为了表明湿空气所含水分的程度，可用湿度表示（见下表）。

名称及代号	计 算 公 式	含　义	单　位
绝对湿度 x	$x = \dfrac{m_s}{V}$	指单位湿空气中所含的水蒸气质量	kg/m³
相对湿度 ϕ	$\phi = \dfrac{x}{x_b} \times 100\%$	指在某温度和总压力不变的条件下，其绝对湿度 x 与饱和绝对湿度 x_b 的比值	

4. 理想气体状态方程

不计粘性，将气体分子只看做质点的气体，称为理想气体。

理想气体的状态应符合下列关系：

$$\frac{pV}{T} = 常数 \quad 或 \quad p \Big/ \rho = RT$$

气体状态方程变化过程如下表所示。

变 化 过 程	公　式
等容	$\dfrac{p_1}{T_1} = \dfrac{p_2}{T_2} = 常数$
等压	$\dfrac{V_1}{T_1} = \dfrac{V_2}{T_2} = 常数$
等温	$p_1 V_1 = p_2 V_2 = 常数$
绝热	$p_1 V_1^k = p_2 V_2^k = 常数$ 或 $\dfrac{p_1}{p_2} = \left(\dfrac{T_1}{T_2}\right)^{\frac{k}{k-1}}$ 其中，k 是绝热指数

二、气动元件

1. 气源装置

名　　　称		图 形 符 号
空气压缩机		
气源净化装置	后冷却器	
	除油器（油水分离器）	
	储气罐	

2. 气动三大件

名 称	作 用	工作原理	图形符号
空气过滤器	进一步滤除压缩空气中的杂质	根据固体物质、空气分子大小和质量不同，利用惯性、阻隔和吸附的方法将灰尘、与杂质与空气分离	
调压阀	降压、稳压	利用气体压力和弹簧平衡的原理来进行工作	
油雾器	使润滑油雾化后注入空气流中，并随空气进入需要润滑的部件，达到润滑的目的	气流通过文氏管形成压差，并把油吸入，在排出口形成油雾并随压缩空气送出	

气动三大件的组合件称气源调节装置。

3. 气缸与气动马达

气动执行元件是将压缩空气的压力能转化为机械能的元件。它驱动机构作直线往复运动、摆动或回转运动，其输出为力或转矩。气动执行元件可分为气缸和气动马达。

几种特殊气缸的特点及作用如下表。

名 称	特点及作用
气—液阻尼缸	由气缸和液压缸组合而成，以压缩空气为能源，利用油液的不可压缩性和控制流量来获得活塞的平稳运动和调节活塞的运动速度。它传动平稳，停位精确，噪声小，污染小，经济性好
薄膜式气缸	是一种利用压缩空气通过膜片的变形来推动活塞杆作直线运动的气缸。它具有结构紧凑、重量轻、维修方便、密封性能好、制造成本低等优点，但其行程短，且气缸活塞上的输出力随着行程加大而减小
冲击气缸	是把压缩空气的能量转化为活塞高速运动能量的一种气缸。它增加了一个具有一定容积的蓄能腔和喷嘴
伸缩气缸	行程长，径向尺寸较大而轴向尺寸较小，推力和速度随工作行程的变化而变化
摆动气缸（摆动气马达）	将压缩空气的压力能转变成气缸输出轴的有限回转机械能

气动马达是把压速空气的压力能转换成旋转的机械能的装置。在气压传动中使用最广泛的是叶片式、活塞式和薄膜式气动马达。

4. 气动控制阀

方向控制阀

名 称			特 点	图形符号
方向控制阀	单向型控制阀	单向阀	气流只能向一个方向流动，而不能反向流动	A ○ P
		或门型梭阀	两个输入口 P_1 和 P_2 均与 A 口相通，而不允许 P_1 与 P_2 相通	P_1 P_2 A

名　　称		特　点	图形符号
方向控制阀	单向型控制阀	与门型梭阀	两个输入口 P_1、P_2 同时进气时，A 口才有输出
		快速排气阀	为加快气缸运动速度作快速排气用的
	换向型控制阀	气压控制换向阀	利用气体压力使主阀芯运动而使气体改变流向
		电磁控制换向阀	利用电磁铁控制

压力控制阀

名　　称		工作原理	图形符号
压力控制阀	调压阀	都是利用作用于阀芯上的流体（空气）压力和弹簧力相平衡的原理来进行工作的	
	顺序阀		
	安全阀		

流量控制阀

名　　称	工作原理	图形符号
流量控制阀	通过改变控制阀的通流面积来实现流量的控制	

三、气动基本回路及系统

1. 气压传动系统

气压传动系统的形式很多，它们都是由不同功能的基本回路所组成，如下表所示。其他常用气动回路还有气液联动回路、延时回路、往复动作回路、安全保护回路等。

名　称		主要内容	典型回路图
方向控制回路	单作用气缸换向回路	利用气压使活塞伸出工作，利用弹簧力复位	(a)　　(b)
	双作用气缸换向回路	对换向阀左右两侧分别输入控制信号，使活塞杆伸出和缩回	(a)　　(b)
压力控制回路	一次压力控制回路	用于控制储气罐的压力，使其不超过规定的压力值	1—溢流阀；2—电接点压力表
	二次压力控制回路	保证气动系统使用的气体压力为一稳定值	至气缸、马达　至逻辑回路
速度控制回路	单向调速回路	节流供气多用于垂直安装气缸的回路中（见右图（a）），水平安装气缸一般采用节流排气回路（见右图（b））	(a)　　(b)

名 称		主 要 内 容	典型回路图
速度控制回路	双向调速回路	采用单向节流阀（见右图（a））或排气节流阀（见右图（b））	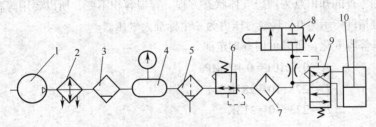 (a) (b)

2. 气压传动系统图读图步骤

 例题解析

例1：气压传动由_____、_____、_____和_____ 4个部分组成。

分析：本题考查的知识点为气压传动系统的组成，它和液压传动组成相类似，可联系记忆。气压传动的动力元件也就是气压传动的气源装置。

解答：本题答案为"动力元件，执行元件，控制元件，辅助元件"。

例2：根据图6-1所示，完成相关问题。

图6-1 例2图

（1）分别填写出序号1至10气动元件的名称；

（2）其中气源装置是指_____，_____，_____，_____；

（3）气动三大件是指_____，_____，_____；

（4）进一步熟悉记忆其图形符号。

分析：本题为气源装置、气动三大件以及其图形符号辨识的综合习题，可使学生进一步加深对气动元件的认识。

解答：（1）1～10 气动元件名称为空气压缩机，后冷却器，油水分离器，储气罐，空气过滤器，调压阀，油雾器，行程阀，气控换向阀，气缸

（2）空气压缩机，后冷却器，油水分离器，贮气罐

（3）空气过滤器，调压阀，油雾器

（4）（略）

例3：湿空气的相对湿度是指单位湿空气体积中所含的水蒸气质量。（   ）

分析：本题考查的知识点为气体的基本特性，要求学生掌握绝对湿度、相对湿度的概念，湿

空气的绝对湿度是指单位湿空气中所含的水蒸气质量。

解答：本题答案为"错"。

例4：薄膜式气缸是一种利用压缩空气通过膜片的变形来推动活塞杆作直线运动的气缸。（　　　）

分析：本题考查的知识点为特殊气缸的特点。学生应掌握特殊气缸的特点、名称，能进行判断。

解答：本题答案为"对"。

例5：下列气动控制阀中，属于压力控制阀的是（　　　），它是压力控制阀中的（　　　）。

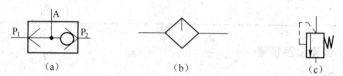

（a）　　　　　　　　　　（b）　　　　　　　　　　（c）

A. 调压阀　　　　　　　B. 顺序阀　　　　　　　C. 安全阀

分析：本题要求学生能联系前面所学的液压知识，加强对气动控制元件分类的理解，并加强对其图形符号的认识。

解答：本题答案为"C"、"B"。

例6：有一贮气罐，容积为60L，罐内装有 $t=10℃$ 的空气，罐内顶部压力表的指针指示为0，现对贮气罐加热到40℃，问此时压力表的指示值为多少？

分析：本题考查的知识点为理想气体状态方程。容器容积不变，所以要用等容过程的查理定律，其中压力表指针指示为0，其绝对压力为一个标准大气压。

解答：因是等容变化，所以可用查理定律。

初始状态　　　　　$p_1 = 0+0.101 = 0.101\text{MPa}$

　　　　　　　　　$T_1 = 273+10 = 283\text{K}$

终了状态　　　　　$T_2 = 273+40 = 313\text{K}$

根据公式有 $\dfrac{p_1}{T_1} = \dfrac{p_2}{T_2}$　$p_2 = \dfrac{p_1 T_2}{T_1} = \dfrac{0.101 \times 313}{283} = 0.111\text{MPa}$

压力表指示的压力 $P_b = 0.111 - 0.101 = 0.01\text{MPa}$

 知识测评

一、填空题

1. 气压传动是以＿＿＿＿＿＿＿＿为工作介质进行＿＿＿＿＿＿＿＿传递的一种传动形式。

2. 气压传动的工作原理是利用空气压缩机把电动机输出的能转化为空气的＿＿＿＿＿＿＿＿能，然后在控制元件的控制下，通过执行元件把＿＿＿＿＿＿＿＿能转化为＿＿＿＿＿＿＿＿能，从而完成各种动作并对外做功。

3. 湿空气的湿度有＿＿＿＿＿＿＿＿和＿＿＿＿＿＿＿＿两种恒量的指标。

4. 理想气体状态方程有＿＿＿＿＿＿＿＿、＿＿＿＿＿＿＿＿、＿＿＿＿＿＿＿＿、＿＿＿＿＿＿＿＿等几种特殊形式。

5. 在气压传动中，＿＿＿＿＿＿＿＿是将机械能转化为气体压力能的装置。　选用它主要根据气压传动系统所需的＿＿＿＿＿＿和＿＿＿＿＿＿两个主要参数。

6. 气源净化装置主要由_____、_____、_____等部分组成。

7. _____、_____和_____俗称气压传动三大件，它的组合件又称为_____。

8. 气动执行元件是将压缩空气的_____能转化为_____能的元件，它根据输出运动形式不同可分为_____和_____。

9. 按压缩空气作用在活塞端面上的方向，可分为_____气缸和_____气缸。

10. 气—液阻尼缸是由_____和_____组合而成，它以_____为能源，利用油液的_____来控制流量来获得活塞的平稳运动和调节活塞的运动_____。

11. 最常用的气动马达有_____、_____和_____3种。

12. 常用气动控制阀按功能分有_____、_____和_____3种。

13. 方向控制阀按其作用特点可分为_____和_____两种，其阀芯的主要结构有_____式和_____式。

14. 气动压力控制阀主要有_____、_____和_____。

15. 常用的气压传动基本回路按功能分有_____、_____和_____。

二、判断题

1. 液压传动和气压传动都是以液体为工作介质进行能量传递的一种形式。（   ）

2. 湿空气的绝对湿度是指某温度和总压力不变的情况下，其相对湿度 x 和 x_b 的比值。（   ）

3. 对于一定质量的气体，在容积不变的条件下进行的状态变化过程称为绝热过程。（   ）

4. 有一储气罐，罐内顶部压力表指示为零，则表示其绝对压力为零。（   ）

5. 普通气缸工作时，由于气体的可压缩性，当外部负荷变化较大时，气缸工作将会产生"爬行"或"自走"现象。（   ）

6. 气动马达是把压缩空气的压力能转换成旋转的机械能的装置，可输出转矩以驱动机构作旋转运动。（   ）

7. 快速排气阀是为了加快气缸运动速度作快速排气用的。（   ）

8. 气动压力控制阀的工作原理是利用作用于阀芯上的液压力和弹簧力相平衡来进行工作的。（   ）

三、选择题

1. 空气压缩机是气压传动中的（   ）元件。
    A. 动力元件   B. 执行元件   C. 控制调节元件   D. 辅助元件

2. 各种过滤器是气压传动中的（   ）元件。
    A. 动力元件   B. 执行元件   C. 控制调节元件   D. 辅助元件

3. 理想气体的状态方程为（   ）。
    A. pT/V =常数   B. TV/p =常数   C. pV =常数   D. pV/T =常数

4. 能起到使润滑油雾化后注入空气流中，并随着空气进入需要润滑的部件达到润滑目的的是（   ）。
    A. 除油器   B. 空气过滤器   C. 调压阀   D. 油雾器

5. 特殊气缸中能把压缩空气的能量转化为活塞高速运动能量的气缸是（   ）。
    A. 薄膜式气缸   B. 气—液阻尼缸   C. 冲击气缸   D. 伸缩气缸

6. 下列气动方向控制阀图形符号中（   ）是与门型梭阀。

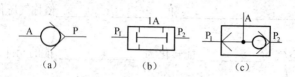

| (a) | (b) | (c) | (d) |

7. 下列气动压力控制阀图形符号中（　　　）是顺序阀。

| (a) | (b) | (c) |

四、简答题

1. 识读气动元件图形符号，依次写出各元件的名称。

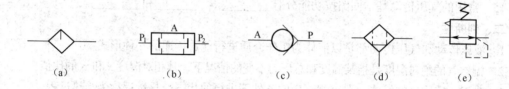

| （a） | （b） | （c） | （d） | （e） |

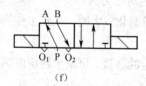

（f）

2. 图 6-2 所示为气动原理图。

（1）分别写出已有序号为 1、2、3、4 的气动元件的名称，并简述其作用。

（2）气动三大件指的是什么？它们各自的主要作用是什么？

（3）在图中双点框内补画出气动三大件的图形符号。

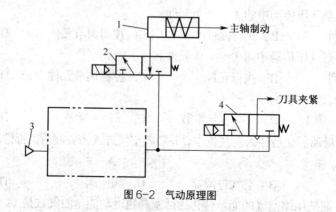

图 6-2　气动原理图

五、操作题

图 6-3 所示为通用机械手气压系统，试分析回路后完成电磁铁动作顺序表。

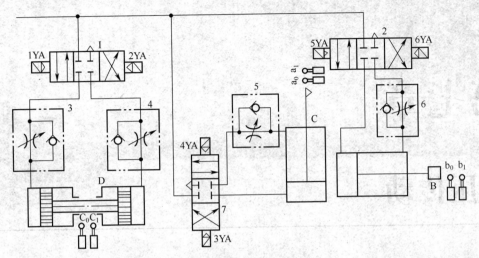

图 6-3　通用机械手气压系统

电磁铁动作顺序表

电磁铁	垂直缸 C 上升	水平缸 B 伸出	回转缸 D 转位	回转缸 D 复位	水平缸 B 退回	垂直缸 C 下降
1YA						
2YA						
3YA						
4YA						
5YA						
6YA						

知识测评参考答案：

一、填空题

1. 空气　能量　2. 压力　压力　机械　3. 绝对湿度　相对湿度　4. 等容　等压　等温　绝热　5. 空气压缩机　工作压力　流量　6. 后冷却器　除油器（油水分离器）　储气罐　7. 空气过滤器　调压阀　油雾器　气源调节装置　8. 压力　机械　气缸　气动马达　9. 单作用　双作用　10. 气缸　液压缸　压缩空气　不可压缩性　速度　11. 叶片式　活塞式　薄膜式　12. 方向控制阀　压力控制阀　流量控制阀

13. 单向型控制阀　换向型控制阀　截止式　滑阀式　14. 减压阀　溢流阀　顺序阀　15. 方向控制回路　压力控制回路　速度控制回路

二、判断题

1. 错　2. 错　3. 错　4. 错　5. 对　6. 对　7. 对　8. 错

三、选择题

1. A　2. A　3. D　4. D　5. D　6. C　7. B

四、简答题

1. 答：油雾器；与门型梭阀；单向阀；除油器；调压阀；电磁控制换向阀。

2. （略）

五、操作题

（略）

第七章

液压传动

第一节 液压传动的基本概念

 知识要求

知 识 点	要 求
液压传动的工作原理、特点和组成部分的功用	了解液压传动的工作原理、特点，知道液压传动的各组成部分和各部分的功用
液流连续性原理，压力的建立、传递等基本概念	知道液流连续性原理，压力的建立、传递等基本概念
液压传动的压力、流量和功率计算	能对压力、流量和功率进行简单计算

 知识重点难点精讲

一、液压传动的原理及系统的组成

1. 液压传动的原理

液压传动是以油液作为工作介质，依靠密封容积的变化来传递运动，依靠油液内部的压力来传递动力。作为介质的油液的压缩量可忽略不计，被认为是不可压缩的。油液的主要性质是黏性和可压缩性，主要性能指标是黏度，黏度受温度影响较大，受压力影响较小。液压传动的实质是一种能量转换装置，首先由动力元件将机械能转换为液压能，依靠液压能实现能量传递，最后由执行元件将液压能转换为机械能。

2. 液压传动系统的组成

组 成	主要液压元件	作 用
动力部分	液压泵	将机械能转换为油液的压力能
执行部分	液压缸、液压马达	将液压能转换成机械能
控制部分	各类方向、压力和流量控制阀	控制和调节油液的方向、压力和流量
辅助部分	油管、接头、油箱、滤油器、密封件和仪表	输送、储存、过滤、密封和测量

3. 液压传动的应用特点

液压传动的特点，应在与其他传动特点相比较的前提下加以理解掌握，主要体现在结构、工作性能和维护使用 3 个方面。

从结构上看元件单位重量传递的功率大，结构简单，布局灵活，便于和其他传动方式联用，易实现远距离操纵和自动控制。从工作性能上看，速度、扭矩、功率均可作无级调节，能迅速换向和变速，调速范围宽，快速性好；但速比不如机械传动准确，传动效率低。从维护使用上看，自润性好，能实现过载保护与保压；使用寿命长；元件易实现系列化、标准化、通用化；但对油液的质量、密封、冷却、过滤，以及对元件的制造精度、安装、调整和维护要求较高。

二、流量和压力

1. 流量和平均流速

① 流量：指单位时间内流过管道或液压缸某一截面的油液体积。

流量单位为 L/min 或 m^2/s，$1m^3/s = 6 \times 10^4 L/min$。

② 平均流速：指液流质点在单位时间内流过的距离，即

$$v = Q/A$$

③ 活塞运动速度与流量的关系

活塞的运动速度等于液压缸内油液的平均流速。

活塞的运动速度仅仅和活塞的有效作用面积 A 及流入液压缸的流量 Q 两个因素有关，而与压力的大小无关。

当活塞有效作用面积一定时，活塞的运动速度决定于流入液压缸中的流量。

2. 液流的连续性原理

油液流经无分支管道时，每一横截面上通过流量不计损失时应相等，即

$$Q_1 = Q_2$$
$$A_1 v_1 = A_2 v_2$$

3. 压力的建立与压力的传递

压力是指液体在单位面积上所受的法向力，即

$$p = F/A$$

压力单位为 N/m^2（牛/米^2）即（帕斯卡），$1MPa = 10^3 kPa = 10^6 Pa$。

① 压力的建立

液压系统中某处油液的压力是由于受到各种形式负载的挤压，即前阻后推所形成的，压力的大小决定于负载，并随负载变化而变化；当某处有几个负载并联时，则压力取决于克服负载的各个压力值中的最小值；压力建立的过程是从无到有，从小到大迅速进行的。

② 压力的特征（静压传递原理）

静止油液中，任何一点所受到的各个方向的压力都相等；压力的作用方向总是垂直指向受压表面；在密闭容器中的静止油液，当一处受到压力作用时，这个压力将通过油液传到连通器的任意点上，而且其压力值处处相等（帕斯卡原理）。

三、压力损失和流量损失

1. 液阻和压力损失

管壁对油液产生的阻力称为液阻，油液流动时液阻会引起能量损失，这主要表现为沿程和局部压力损失，因此

$$P_泵 = K_压 \cdot P_缸$$

式中，$K_压$——系统压力损失系数，一般为 1.3～1.5，系统复杂或管道长时取大值，反之取小值。

2. 泄漏和流量损失

从液压元件的密封间隙漏过少量油液的现象称泄漏。泄漏可分为内泄漏和外泄漏。泄漏必然引起流量损失，因此

$$Q_泵 = K_漏 \cdot Q_缸$$

式中，$K_漏$——系统泄漏系数，一般为 1.1～1.3，系统复杂或管道长时取大值，反之取小值。

四、液压传动功率的计算

1. 液压缸的输出功率

$$P_缸 = F \cdot \nu$$

由于 $F = p_缸 . A$，$\nu = Q_缸 / A$
所以

$$P_缸 = p_缸 . Q_缸$$

2. 液压泵的输出功率 $P_泵$

$$P_泵 = p_泵 . Q_泵$$

3. 液压泵的效率和驱动以及机械损耗液压泵的电动机的功率

因为压力和流量的损失，所以驱动液压泵的电动机所需的功率 $P_电$ 要比液压泵的输出功率大。

$$\eta_总 = P_泵 / P_电 \qquad P_电 = P_泵 / \eta_总 = p_泵 \cdot Q_泵 / \eta_总$$

当液压泵为定量泵时液压泵输出的流量不变，$Q_泵 = Q_额$。拖动该泵的电动机的功率 $P_电 = p_泵 \cdot Q_额 / \eta_总$。而在计算与该泵匹配的电动机时，应考虑该泵可能输出的最大压力是 $p_额$，而不是当前的 $p_泵$，流量也应该是 $Q_额$ 而不是 $Q_泵$。

 例题解析

例 1：按图 7-1-1 变径直通管判断。

（1）入口流量 Q_1 大于出口流量 Q_2。（　　　）

（2）入口速度 ν_1 小于出口速度 ν_2。（　　　）

分析：根据液流的连续性原理 $Q_1 = Q_2$。又因为流量 $Q = \nu \cdot A$，$Q_1 = Q_2$，$A_1 > A_2$，因此 $\nu_1 < \nu_2$。

解答：本题答案为（1）"错"；（2）"对"。

例 2：液压系统中，若某处有几个负载并联，则压力取决于克服负载的各个压力值中最大值。（　　　）

分析：此题重在检查压力的建立。压力是由于受到各种形式负载的挤压而产生的，大小取决

于克服负载的各个压力值中的最小值。

解答：本题答案为"错"。

例3：有一液压系统如图 7-1-2 所示，液压缸无杆腔有效工作面积 $A_1 = 0.01m^2$，有杆腔有效工作面积 $A_2 = 0.005m^2$，$K_漏 = 1.2$，$K_压 = 1.3$，要求活塞能以 $\nu_1 = 0.008m/s$ 的速度推进 $F = 40\,000N$ 的负荷。现有一定量泵，其额定流量为 $10.5 \times 10^{-4}m^3/s$，额定压力为 63×10^5Pa。

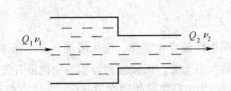

图 7-1-1　变径直通管

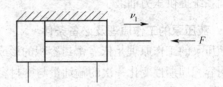

图 7-1-2　液压系统

（1）该泵是否能满足作用要求？

（2）活塞空载返回的速度 ν_2 为多少？

分析：液压泵是否满足要求，应从两方面考虑：

一是流量是否满足，二是压力是否满足。

因此，应从 Q 和 p 入手，首先求出 $Q_缸$ 和 $p_缸$。考虑到压力和流量的损失，求出 $Q_泵$ 和 $p_泵$，然后与 $Q_额$ 和 $p_额$ 比较，判断是否满足。关于活塞空载返回的速度，应考虑有效作用面积的变化和泄漏这两个因素。

解答：（1）$Q_缸 = \nu_1 \cdot A_1$；　　　　　　$Q_泵 = Q_缸.K_漏 = 1.2 \times 0.08 \times 0.01 = 9.6 \times 10^{-4}m^3/s$

$p_缸 = F/A_1$；　　　　　　$p_泵 = p_缸 \cdot K_压 = 1.3 \times 40\,000/0.01 = 5.2 \times 10^5Pa$

因为：$Q_泵 < Q_额$

$p_泵 < p_额$

所以此泵能满足要求。

（2）$\nu_2 = Q_额/（K_漏 \cdot A_2）= 10.5 \times 10^{-4}/（1.2 \times 0.005）= 0.175m/s$

第二节　液 压 元 件

📑 **知识要求**

知　识　点	要　　求
各类基本液压元件的结构、功能、原理、作用和图形符号	掌握液压泵、液压、缸和液压阀的结构、工作原理、功能、应用范围和图形符号
辅助元件的图形符号和功用	了解辅助元件的图形符号和功用
液压缸的速度和工作推力的计算	能对液压缸的速度和工作推力进行计算

知识重点难点精讲

一、液压泵

液压泵是液压系统中将机械能转换为油液的压力能的能量转换装置，作为液压系统的动力元件，向系统提供压力油液。

1. 液压泵的工作原理及必备条件

液压泵的工作原理是依靠密封容积的形成和周期性地变化工作，变大吸油，变小压油。液压泵密封容积周期性变化一次的输油量与密封容积的大小无关，而和密封容积的变化量有关。

液压泵工作的必备条件是：①应具备密封容积；②密封容积能够交替变化；③应有配流装置；④吸油过程中油箱必须和大气相通。

在对各类液压泵的结构和工作原理分析时，应着重于密封容积是如何形成和如何交替变化；输油量是否可以调节，输油方向是否可以改变，转子的径向载荷是否平衡。

2. 液压泵的种类及结构特点

名　称	性　能	类　型	结　构　特　点
柱塞泵	密封性好，泄漏小，容积效率高，功率范围大，结构复杂，自吸能力差，多用于高压系统	径向柱塞泵	改变转子与定子的偏心距可改变流量，改变偏心方向可改变输油方向。属双向变量泵
		轴向柱塞泵	改变斜盘倾角 γ 可改变流量，改变斜盘倾角方向可改变输油方向。属双向变量泵
齿轮泵	结构简单，工作可靠，对油液污染不敏感，自吸能力强，径向力不平衡，泄漏严重，容积效率低。多用于低压系统	外啮合齿轮泵	轮齿进入啮合压油，退出啮合吸油，轴向间隙造成的泄漏严重。常采用增大径向间隙，缩小压油口尺寸以减轻径向不平衡力的影响。属单向定量泵
		内啮合齿轮泵	
叶片泵	运转平稳，流量均匀，噪声小，容积效率中等，对油液污染敏感，结构复杂，工艺要求高，多用于中压系统	单作用叶片泵	改变转子与定子的偏心距可改变流量，改变偏心方向可改变输油方向。属非卸荷双向变量泵
		双作用叶片泵	定子为非圆曲线，转子、定子同心而不可变量，转子每转吸压油两次，径向力平衡。属卸荷单向定量泵

3. 液压泵的图形符号

单向定量泵	双向定量泵	单向变量泵	双向变量泵

4. 液压泵的选择

液压泵的选择应考虑以下 3 个方面的因素。

① 液压泵流量的选择：$Q_泵 = K_漏 \cdot Q_缸$，额定流量应大于 $Q_泵$。

② 液压泵压力的选择：$P_泵 = K_压 \cdot P_缸$，额定压力应比计算值大 25%～60%。

③ 液压泵类型的选择：齿轮泵多用于 2.5MPa 以下的低压系统；叶片泵多用于 6.3MPa 以下的中压系统；柱塞泵多用于 10MPa 以上的高压系统；一般采用定量泵，功率较大的液压系统选用变量泵。

二、液压缸

液压缸是将液压能转换为机械能的能量转换装置，是液压系统中的一种主要执行元件，一般用于实现直线往复运动或摆动。

1. 液压缸常用类型及工作特点

类　型			结构性能	运动范围	计算公式		应用场合	备　注
					速度（v）	推（拉）力（F）		
活塞式液压缸	双出杆活塞式	实心式	缸体固定，向回油腔运动	$3L$	$4Q/\pi D^2$	$F = pA_1$	小型设备	活塞（或缸）左右移动速度或产生的推力均相等
		空心式	缸体运动，向进油腔运动	$2L$	$4Q/\pi D^2$	$F = pA_1$	大、中型设备	
	单出杆活塞式液压缸		分为实心和空心两种，缸体运动，向进油腔运动	$2L$	$4Q/\pi D^2$ 或 $4Q/\pi(D^2-d^2)$	$F = pA_1$ $F = pA_2$	快进及工进	活塞（或缸）左右移动速度和产生的推力不相等
	差动液压缸		利用活塞两侧有效作用面积差进行工作的单出杆液压缸	$2L$	$4Q/\pi d^2$	$F = P\pi d^2\big/4$	快进、工进及快退	快进与快退速度相等时需 $D = 2d$
无杆液压缸			往复直线运动转换成回转或摆动				机械手、转位机构、回转夹具等	
柱塞式液压缸			内壁无须精加工、杆精加工				一般只能单方向运动，双向运动时可组合使用	
摆动式液压缸			摆动运动				回转夹具、专用机械手的回转	

2. 液压缸的密封、缓冲和排气

（1）液压缸的密封

密封是为了减少泄漏，提高液压传动的性能和效率，常用的有间隙密封和密封圈密封。间隙

密封一般要求间隙在 0.02～0.05mm，其密封性能差，加工精度高，适用于尺寸小、压力低、运动速度较高的场合。常用的密封圈有 O 型、Y 型、V 型等，其应用特点及注意事项如下表所示。

类　型	特　点	注　意　事　项
O 型	截面形状为圆形的密封元件，其结构简单，制造容易，密封可靠，摩擦力小，因而应用广泛，既可用于固定件的密封，也可用于运动件的密封	其分模面（产生飞边处）应选在相对轴线倾斜 45° 的位置
Y 型	截面呈 Y 形，其结构简单，适用性很广，密封效果好，常用于活塞和液压缸之间、活塞杆与液压缸端盖之间的密封	注意安装方向，使其在压力油作用下能张开
V 型	由形状不同的支承环、密封环和压环成组成。接触面大，密封可靠，但摩擦阻力大，用于移动速度不高的液压缸中	

（2）液压缸的缓冲

缓冲是利用回油阻力防止撞缸盖，常用活塞凸台和缸盖凹槽的方法来降低活塞的运动速度。

（3）液压缸的排气

液压系统中渗入空气会影响工作的平稳性和精度，为防止油液中渗入空气，油液的进油口和出油口应设在缸的最高点。对平稳性要求较高可安装排气塞。

三、方向控制阀

控制油液流动方向的阀称为方向控制阀，常用的有单向阀和换向阀。

1. 单向阀

保证通过阀的油液只向一个方向流动而不能反向流动的阀称为单向阀，当需要被单向阀所闭锁的油路需要重新接通时，可选用闭锁可控制的液控单向阀，单向阀的图形符号如图 7-2-1 所示。

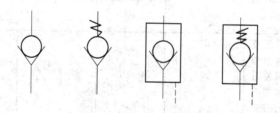

图 7-2-1　单向阀的图形符号

2. 换向阀

① 原理：换向阀是通过改变阀芯和阀体间的相对位置，来控制油液流动方向的阀。

② 换向阀的类型如下表所示。

分类方式	类　型
按阀芯运动方式	滑阀、转阀
按阀的位置数和通路数	二位二通、三位四通、三位五通等
按阀的操纵方式	手动、机动、电磁动、液动、电液动

③ 符号：完整的符号应包括工作位置数、油口数、连通关系、操纵方式、复位方式、定位方式等内容。

④ 滑阀机能：三位阀中位时油口的连接关系称为滑阀机能，常用滑阀机能的特点如下表所示。

形　式	图形符号	中位滑阀机能特点
O		各油口全封闭，液压缸锁紧；液压泵及系统不卸荷，并联的其他执行元件运动不受影响
H		各油口全连通，液压泵及系统卸荷，活塞在液压缸中浮动
Y		进油口封闭，液压缸两腔与回油口连通，活塞在液压缸中浮动，液压泵及系统不卸荷
P		回油口封闭，进油口与液压缸两腔连通，液压泵及系统不卸荷，可实现差动连接
M		进油口与回油口连通，液压缸锁紧，液压泵及系统卸荷

⑤ 常用换向阀的类型和特点如下表所示。

类　型	图形符号	特　点
手动换向阀		这种换向阀是用人力控制的，有自动复位式和钢球限位式两种
机动换向阀		又称行程阀，二位二通的分常闭和常通两种，图示为常闭型
电磁换向阀		易于实现动作转换的自动化，应用广

液压传动

续表

类　型	图 形 符 号	特　点
液动换向阀	K_1　A B　K_2 P O	在液压系统中，当流量较大（10.5×10^{-4} m³/s 以上）时常用液动换向阀
电液动换向阀	A B P O	是电磁换向阀和液动换向阀的组合，流量较大的时候采用。既易实现自动化又可用于大流量，换向平稳无冲击

四、压力控制阀

控制工作液体压力的阀称为压力控制阀，常见的有溢流阀、减压阀和顺序阀。它们的共同特点是：利用油液的液压作用力与弹簧力相平衡的原理来进行工作。

1. 溢流阀

① 作用：溢流阀的作用一是限压保护作用，二是溢流稳压作用。

② 分类：溢流阀分为直动型溢流阀和先导型溢流阀。

2. 减压阀

① 作用：用来降低液压系统中某一分支油路的压力。

② 分类：减压阀分为直动型减压阀和先导型减压阀。

3. 顺序阀

① 作用：顺序阀是控制液压系统各执行元件先后顺序动作的压力控制阀，实际上是一个由压力油控制其开启的两通阀。

② 分类：顺序阀分为直动型顺序阀和先导型顺序阀。

4. 压力控制阀的图形符号

溢 流 阀	减 压 阀	顺 序 阀	卸 荷 阀

5. 压力继电器

压力继电器是将液压信号转变为电信号的转换元件，实质上是一个受压力控制的电器开关。

五、流量控制阀

控制工作液体流量的阀称为流量控制阀。常见的流量控制阀有节流阀、调速阀、分流阀等，主要是通过改变节流口的开口大小来调节通过阀口的流量，从而改变执行元件的运动速度。

1. 节流阀

① 原理：$q_v = KA_0 (\Delta P) n$，当 A_0 改变，通过的流量即改变。由于受节流口前后压力差、节流口形式、节流口堵塞、油液温度等因素的影响，其流量将随负载和温度的变化而波动，因此，执行元件的速度稳定性差。

② 节流口的形式有针阀式节流口、偏心式节流口、轴向三角槽节流口、周向缝隙式节流口和轴向缝隙式节流口。

2. 调速阀

调速阀实质是用一个定差减压阀来保证节流阀前后的压力差 ΔP 不受负载变化的影响，从而使通过节流阀的流量保持稳定。

六、液压辅件

① 油箱：油箱的作用是储油、散热、分离油液中的空气和杂质。

② 油管和管接头：起连接作用，常用的油管有钢管、塑料管等多种。管接头按通路分为直通、三通、直角等形式，按连接方式分为焊接式、卡套式、管端扩口、扣压式等形式。

③ 滤油器：起清除油液中杂质的作用，有网式、线隙式、烧结式、纸芯式和磁性过滤器等多种形式。

④ 压力计：主要用于观察压力系统中各工作点的油液压力。

 例题解析

例1：如图 7-2-2 所示的液压装置，已知阻力 $F = 4kN$，面积 $A = 1.2 \times 10^{-2} m^2$，$A_1 = 0.9 \times 10^{-2} m^2$，$A_2 = 0.5 \times 10^{-2} m^2$，若需要该装置克服阻力 F 而运动，试求：

（1）所需压重 G 的大小；

（2）液压缸两腔的压力 p_1、p_2。

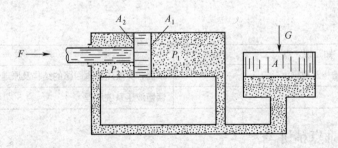

图 7-2-2 液压装置

分析：本题关键在于认清该系统左半部分为单出杆活塞式液压缸的差动连接，右半部分为提供压力油的动力部分。根据差动连接克服阻力 $F = p(A_1 - A_2)$，而 $p = G/A$。

解答：（1）$p_1 = p_2 = p$ $p = G/A$

$$F = (A_1 - A_2) \cdot G/A \quad G = F \times A/(A_1 - A_2) \quad G = 4 \times 1.2 \times 10^{-2}/(0.9 - 0.5) \times 10^{-2}$$

$$G = 12kN$$

（2）$p_1 = p_2 = p = G/A = 12 \times 103/1.2 \times 10^{-2} = 106Pa$

例2：如图 7-2-3 所示的 4 种中位滑阀机能中，能实现液压泵卸载而液压缸闭锁的是_____。能实现差动连接的是_____。

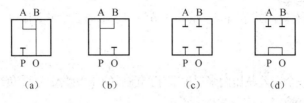

图 7-2-3　中位滑阀机能

分析：该题关键在于学习者要熟悉三位四通换向阀的中位滑阀机能，掌握闭锁、卸载和差动的条件。卸载必须是 P 口和 O 口相通，闭锁必须是 A 口、B 口均封闭，差动必须是 P 口同时和 A 口、B 口相通且不卸载。

解答：本题答案为"D"和"B"。

例3：以下各液压泵中，不能成为双向变量泵的是_____。

A. 径向柱塞泵　　B. 轴向柱塞泵　　C. 单作用叶片泵　　D. 双作用叶片泵

分析：该题的关键在于学习者要熟悉各类液压泵结构和原理，掌握能否成为双向泵的条件是输油方向在转向不变的条件下是否能改变，能否成为变量泵的条件是密封容积的变化量能否调节，在此基础上进行判断。

解答：本题的答案为"D"。

第三节　液压基本回路及液压系统

 知识要求

知　识　点	要　　　求
各类液压基本回路的结构及原理	掌握各类液压基本回路的结构及原理
典型液压传动系统	读懂液压系统原理

 知识重点难点精讲

一、方向控制回路

控制液流的通、断和流动方向的回路称为方向控制回路。

1. 换向回路

液压系统中执行元件运动方向的变换一般由换向阀实现，根据执行元件换向的要求，可采用二位（或三位）四通（或五通）控制阀，控制方式可以是人力、机械、电气、直接压力、间接压力（先导）等。

2. 闭锁回路

闭锁回路用以实现使执行元件在任意位置上停止，并防止其停止后蹿动。常用的有采用滑阀机能为 O 型或 M 型换向阀的闭锁回路，该闭锁回路结构简单、闭锁效果较差；采用液控单向阀的闭锁回路，其锁紧效果较好。闭锁回路的原理是执行元件两腔油液均封闭。

二、压力控制回路

压力控制回路主要是利用各种压力阀控制系统或某一部分油液压力的回路，在系统中用来实现调压、减压、增压、卸载等控制，满足执行元件对力或转矩的要求。

1. 调压回路

根据系统负载的大小来调节系统工作压力的回路叫做调压回路。调压回路又可分为压力调定回路和多级压力回路，其关键元件是溢流阀。

2. 减压回路和增压回路

减压回路和增压回路是使系统局部压力降低或增高，以满足执行元件对力或转矩的需要，关键元件是减压阀和增压缸。

3. 卸载回路

采用卸载回路可以使液压泵输出油液以最小的压力直接流回油箱，以节省功率消耗和减少液压泵的磨损，延长使用寿命。卸载回路的关键元件是二位二通换向阀或三位四通换向阀的中位滑阀机能。

三、速度控制回路

用来控制执行元件运动速度的回路称为速度控制回路，包括调节执行元件工作行程速度的速度控制回路和使不同速度相互换接的速度换接回路。

1. 调速控制回路

调速方法有定量泵的节流调速、变量泵的容积调速和容积节流调速 3 种。

① 节流调速。节流调速的关键元件是节流阀，通过节流阀调节进入或流出液压缸的油液流量，从而调节执行元件工作行程速度。节流阀具有结构简单、成本低、使用维修方便等优点，可分为进油节流、回油节流、旁油路节流、进回油节流等多种形式。

进油节流调速回路一般应用于功率较小、负载变化不大的液压系统中；回油节流调速回路广泛应用于功率不大、负载变化较大或运动平稳性要求较高的液压系统中。两者的速度稳定性均较差，为减少和避免运动速度随负载变化而波动，在回路中可用调速阀代替节流阀。在旁油路节流调速回路中，溢流阀作为安全阀常态时关闭，回路中功率损失小，常用于高速、负载和对速度平稳性要求不高的场合。

② 容积调速回路。容积调速回路是通过改变变量液压泵的输油量来实现调节执行元件的运动速度。它具有压力损耗和流量损耗小的优点，因而回路发热量小、效率高，适用于功率较大的液压系统中。容积调速回路分为变量泵与定量执行元件、变量马达与定量泵和变量泵与变量马达 3 种。

③ 容积节流调速回路。容积节流调速回路是用变量泵和节流阀相互配合进行调速的方法。在这种回路中，泵的输出流量与液压系统所需的流量相适应，因此效率高，发热量小。同时，采用调速阀，液压缸的运动速度基本不受负载变化的影响，即使在较低的运动速度下工作，运动也较

稳定。

2. 速度换接回路

① 快慢速换接回路。这种回路一般采用短接流量阀来实现速度换接，关键元件是二位二通换向阀和调速阀。这种回路比较简单，应用相当普遍，常用的泵用计程阀或计程开关控制快慢速转接回路。

② 二次进给回路。常用的有串联调速阀和并联调速阀两种二次进给回路。

③ 快速运动回路。常用的有双泵供油，液压缸差动连接蓄能器快速运动回路。

四、顺序动作回路

控制液压系统中执行元件动作的先后次序的回路称为顺序动作回路，常用的有用压力控制、用行程控制和时间控制 3 种。

1. 用压力控制的顺序动作回路

这是利用油路本身压力的变化来控制阀口的启闭，实现各种执行元件顺序动作的一种控制方式，其关键元件是顺序阀或压力继电器。

用顺序阀控制的顺序动作回路，可靠程度主要取决于顺序阀的压力和压力调定值，适用于液压缸数量不多，负载阻力变化不大的液压系统中。用压力继电器控制的顺序动作回路，简单易行，应用较普遍。

2. 用行程控制的顺序动作回路

用行程控制的顺序动作回路，有采用行程阀控制的回路和采用行程开关控制的回路两种。

采用行程阀控制的顺序动作回路工作可靠，但改变动作顺序较困难。采用行程开关控制的顺序动作回路，其顺序动作由电气线路保证，能方便地改变动作顺序，调整行程也较方便，但电气线路比较复杂，回路可靠性取决于电气元件的质量。

以上内容均需联系书中的液压基本回路图加以理解和记忆。

五、液压传动系统

液压传动系统图是表示系统执行元件所能实现的动作原理图。要能正确而又迅速地阅读液压系统图，首先必须很好地掌握液压基础知识，特别是熟悉各种液压元件的工作原理、功用、特点、图形符号、液压基本回路、控制方法等，并综合运用这些知识来阅读液压系统图。

阅读分析液压系统图，一般从以下几方面入手，首先尽可能地了解估计该液压系统的任务，要完成的工作循环，所具备的特性和应满足的要求。其次查阅所有液压元件及它们之间的连接关系，着重分析各元件的作用和实现动作的操纵过程。最后分析执行元件各种动作的进油路、回油路和控制油路。主油路中进油路应从泵开始到执行元件止。回油路的分析也是系统不可忽略的重要部分。有些速度的换接往往是通过差动和回油调速来实现的。

 **例题解析**

例 1： 如图 7-3-1 所示，已知增压缸的两活塞直径 D_1 和 D_2 输入压力 p_1，输入流量 q；单杆活塞缸的直径 D_3 和活塞杆直径 d。问单杆活塞缸的活塞能产生多大的速度以及能克服多大的负载？

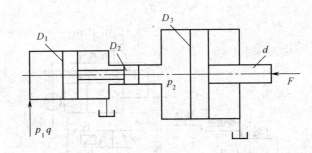

图 7-3-1　例图题

分析： 解该题的关键在于学习者要熟悉增压缸的增压原理和液压传动的基本知识，从各缸活塞的受力平衡出发，着手解题求得克服的负载。在速度的求解中，可根据液流的连续原理求得 D_3 的速度。

解答： $p_1 . \pi D_1^2 / 4 = p_2 \pi D_2^2 / 4$ 　　　　$p_2 = p_1 \cdot D_1^2 / D_2^2$

　　　　$F = p_2 \pi D_3^2 / 4$ 　　　　　　　$F = p_1 D_1^2 \pi D_3^2 / 4 D_2^2$

　　　　　　　　　　　　　　　　　$v_1 = 4q / \pi D_1^2$

因为 $v_1 . \pi D_2^2 / 4 = v_3 . \pi D_3^2 / 4$

所以 $v_3 = 4q D_2^2 / \pi D_1^2 D_3^2$

例 2： 图 7-3-2 所示的液压系统能实现"快—慢—快—停止卸载"的自动控制。试分析：

（1）在不影响上述自动循环和系统性能前提下，可精简掉图中_____液压元件。

（2）系统 3 个二位二通阀的功能：3_____，4_____，9_____。两个溢流阀的功能：2_____，6_____。

（3）写出活塞慢进（向右）时的进油路和回油路。

分析： 解该题的关键在于学习者要熟悉各元件在系统中的作用和基本回路的工作原理，在此基础上确定元件 3 和元件 4 的功能相同，可精简掉其中之一，元件 7 在速度换接中可有可无，因此可以精简掉。进油路和回油路的分析，关键在于读懂速度换接回路和书写的规范。

解答：（1）可精简掉图 7-3-2 中的 7、3 或 4 液压元件。

（2）系统 3 个二位二通换向阀的功能：3 卸载，4 卸载，9 速度换接。两个溢流阀的功能：2 调压，6 背压。

（3）进油：油箱→泵 1→阀 5 左位→阀 8→缸 10 左腔。

回油：缸 10 右腔→阀 5 左位→顶开阀 6→油箱。

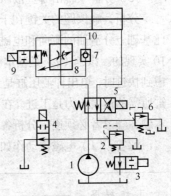

图 7-3-2　液压系统

例 3： 图 7-3-3 所示液压系统自动工作程序见运动循环图。试完成下列解答：

（1）按运动循环图填写电磁铁动作表。

（2）写出液压元件 1、2、4、6、8、9 的名称。

（3）设快进时负载为 F_K，提供流量为 Q，试导出快进速度 v_k 和压力表在快进时的指示 p_k 的数学式。

（4）设机床工作台和工件共重 10kN，工作台与导轨摩擦系数 $f = 0.2$，工进时切削力为 28kN，快进时 $v_k = 0.25 \text{m/s}$。无杆腔有效面积 $A_1 = 10 \times 10^{-3} \text{m}^2$，有杆腔有效面积 $A_2 = 8 \times 10^{-3} \text{m}^2$。工进时阀

9 上的压力降 $\Delta p = 5 \times 10^5 \text{Pa}$，取 $K_压 = 1.5$，$K_漏 = 1.3$，试完成：

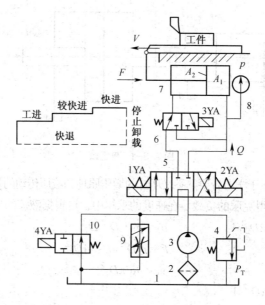

图 7-3-3　运动循环图

① 选择泵的型号并计算驱动泵的电动机功率，（泵的额定流量有 25、32、40、50、63L/min 等。泵的总效率取 0.8）。

② 确定阀 4 的最小压力 p_y 至少应为多大？工进时有无油液从阀 4 流回油箱？

（5）分析系统由哪些液压基本回路组成并写出其核心元件。

分析：解该题的关键在于学习者要熟悉液压系统的工作原理，重在考虑速度换接的原理，在此基础上分清油的流向和电磁铁的工作状况，快进时差动，较快进和工进是通过二位二通换向阀 10 实现的。该题（2）是基本题，重点在熟悉元件的图形符号。题（3）是液压基本计算题，应考虑到快进时，单出杆液压缸是差动连接。题（4）在液压泵选择时应考虑缸所需的最大流量是快进，缸所需的最大压力是工进。在溢流阀压力确定时应考虑快进不溢流，工进溢流稳压。题（5）是基本题，学习者必须逐一分析各元件在回路中作用的基础上确定基本回路。

解答：（1）电磁铁动作如下表所示。

工作程序	电磁铁			
	1YA	2YA	3YA	4YA
快进	+	−	+	−
较快进	+	−	−	−
工进	+	−	−	+
快退	−	+	−	−
停止卸载	−	−	−	−

（2）1—油箱；2—滤油器；4—溢流阀；8—压力表；9—调速阀。

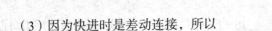

（3）因为快进时是差动连接，所以

$$v_k = Q/A_3 = Q/(A_1 - A_2)$$
$$p_k = F_k/A_3 = F_k/(A_1 - A_2)$$

（4）①设工进时的总负载为 F，则

$$F = 28\ 000 + 10\ 000 \times 0.2 = 30\ 000N$$

由工进时力平衡方程 $pA_1 = F + \Delta pA_2$

得

$$p = (30\ 000 + 5 \times 105 \times 8 \times 10^{-3})/10 \times 10^{-3}$$
$$= 34 \times 10^5 Pa$$

$$p_泵 = 1.5p = 1.5 \times 34 \times 10^5 = 51 \times 10^5 Pa$$

$$Q = v_k(A_1 - A_2) = 0.25 \times (10^{-8}) \times 10^{-3} = 5 \times 10^{-4} m^3/s$$

$$Q_泵 = 1.3Q = 65 \times 10^{-5} m^3/s = 39L/min$$

故选 YB—40 型叶片泵。其额定压力为 $63 \times 10^5 Pa$，额定流量为 40L/min $\approx 67 \times 10^{-5} m^3/s$

$$P_电 = P_泵 \cdot Q_额 / \eta_总 = 51 \times 10^5 \times 67 \times 10^{-5}/0.8 \approx 4\ 271W \approx 4.3kW$$

② 溢流阀最小调定压力 $p_y = p_泵 = 51 \times 10^5 Pa$。工进时有油液从该阀溢回油箱。

（5）组成系统的主要液压基本回路及核心元件：

① 换向回路（阀5）；

② 调压回路（阀4）；

③ 卸载回路（阀5）；

④ 回油节流回路（阀9）；

⑤ 速度换接回路（阀9、阀10）。

 知识测评

一、填空题

1. 液压传动以＿＿＿＿为工作介质，利用密封容积的＿＿＿＿传递运动，依靠油液内部的＿＿＿＿传递动力。

2. 液压系统主要由＿＿＿＿、＿＿＿＿、＿＿＿＿和＿＿＿＿组成。

3. 液压泵是提供一定＿＿＿＿和＿＿＿＿的油液的动力元件。

4. 油液的两个最主要的特性是＿＿＿＿和＿＿＿＿；通常油液近似看做＿＿＿＿压缩，＿＿＿＿随温度的变化而变化。

5. 流量是＿＿＿＿内流过容器某截面的液体的＿＿＿＿；流量用＿＿＿＿表示，单位为＿＿＿＿。

6. 液压传动系统的压力在＿＿＿＿作用下形成，其大小取决于＿＿＿＿；压力用＿＿＿＿表示，单位为＿＿＿＿。

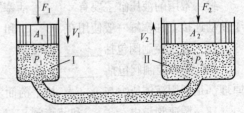

图 7-3-4 液压传动模型

7. 根据图 7-3-4 所示液压传动模型填空。

（1）忽略活塞自重和液阻及泄漏损失时：

① 工作中，Ⅰ腔容积变＿＿＿＿，Ⅱ腔容积变＿＿＿＿，即密封容积的变化传递了＿＿＿＿。

② 两腔流量分别为 $Q_1 = A_1 v_1$ ＿＿＿ $Q_2 = A_2 v_2$（≥，＝，≤）。按＿＿＿＿原理，两活塞运动速度与其面积成＿＿＿＿比。

③ 按_____原理，两腔压力 $p_1 = F_1/A_1$_____$p_2 = F_2/A_2$（$\geqslant$，$=$，$\leqslant$）。两活塞作用力与面积成_____比。

④ 若撤销 F_2，保留 F_1，则 p_1_____p_2_____0（$\geqslant$，$=$，$\leqslant$）。可见,液压系统的压力决定于_____。（a：前阻力 F_2，b：后推力 F_1）

（2）忽略活塞自重，但考虑损失 $K_压$、$K_漏$时：

① 两腔流量 Q_1_____Q_2（$>$，$=$，$<$），修正方法：$Q_1 =$_____。

② 两腔压力 p_1_____p_2（$>$，$=$，$<$），修正方法：$p_1 =$_____。

8. 液压系统的液阻造成_____损失，这种损失可分为_____和_____两种。其损失可用_____修正。

9. 泄漏必然导致_____损失，系统泄漏包括_____和_____两种；该损失可用泄漏系数修正，取 $K_L =$_____。

10. _____和_____是液压传动的两个重要参数，它们的单位分别为_____和_____，它们的乘积表示_____。

11. 根据图 7-3-5 所示容积式液压泵的工作原理填空。

（1）泵的密封容积由件_____构成。

（2）偏心凸轮 1 顺时针由 0 转到 π，密封容积_____（增大，减小，不变）；单向阀 4_____，单向阀 6_____（关闭，开启，不动）；此时泵应_____（吸油，压油）。

（3）泵输出油液的压力由_____决定。

（4）油箱 5 的液面应与大气_____（相通，隔绝）。

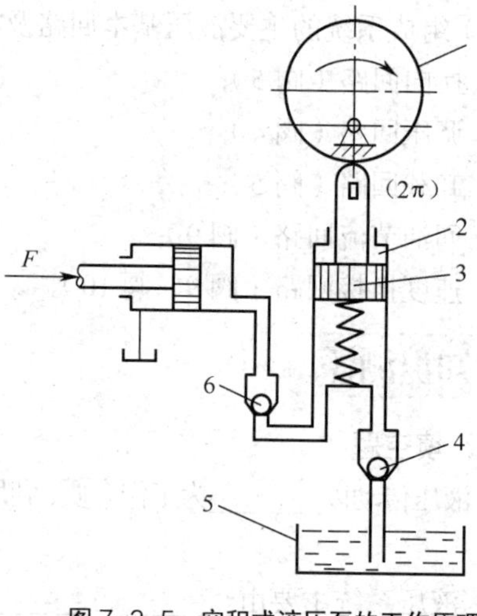

12. 柱塞泵泄漏_____，容积效率_____，常用于_____系统。

13. 改变单作用式变量叶片泵转子与定子中心的_____，即可改变泵输出的流量；改变转子与定子的_____，即可改变泵输油方向。因此，单作用叶片泵属_____泵。

图 7-3-5　容积式液压泵的工作原理

14. 齿轮泵常用增大_____和减小_____措施,减轻径向不平衡力影响。

15. 常用的液压缸主要有_____活塞缸和_____活塞缸两类。只有_____活塞缸才能用于差动连接。柱塞缸一般使用在_____和_____中。

16. 液压控制阀包括_____控制阀、_____控制阀和_____控制阀 3 大类。

17. 压力控制阀包括_____、_____、_____和压力继电器。3 种压力控制阀的基本工作原理都是利用液体压力与_____相平衡而实现压力控制的。

18. 调速阀是由_____和节流阀_____成的组合阀。

19. 流量控制阀通过调节阀芯节流口的_____来调节流量，从而控制执行元件的运动_____。

20. 液压元件的密封方法主要有_____密封和_____密封两类。

21. 油箱在液压系统中的功用是用来_____、_____及分离油液中的_____和_____。

22. 液压缸缓冲的原理是增大_____，以降低活塞的运动速度。为了便于排除积留在液压缸中的空气，油液最好从液压缸的_____进入和引出。

23. 液压基本回路是用_____组成，并能完成_____的典型回路。常用的基本回路按其功能可分为_____、_____、_____和_____ 4大类。

24. 方向控制回路包括_____和_____回路，主要用_____阀控制。

25. 减压回路用_____阀串联在分支_____，以实现系统局部_____。

26. 容积调速回路与节流调速回路相比，由于没有节流损失和溢流损失，故效率_____，回路发热量_____。适用于_____的液压系统中。

27. 卸载回路的作用是：当液压系统中执行元件停止运动后，使液压泵输出的油液以最小_____直接流回油箱，节省电动机的_____，减小系统_____，延长泵的_____。

28. 用顺序阀控制的顺序动作回路的可靠性在很大程度上取决于_____和_____。

29. 进油或回油节流调速回路的速度稳定性均较_____，为减小和避免速度随负载变化而波动，通常在回路中用_____来代替可调节流阀。

30. 通过_____阀和_____阀并联或采用 P 型中位滑阀机能的换向阀，可控制执行元件的速度换接。

二、判断题

1. 油液在密封连通容器内流动，截面积大处通过的流量较大（   ），流速较慢。（   ）

2. 作用在液压缸活塞上的液压力推力越大，活塞运动速度越快。（   ）

3. 实际液压系统的压力损失以沿程损失为主。（   ）

4. 系统液压泄漏伴随压力损失（   ），液流摩擦伴随流量损失。（   ）

5. 液压传动承载能力大，可实现大范围内无级变速和获得恒定的传动比。（   ）

6. 如图 7-3-6 所示的充满油液的固定密封装置中，甲、乙两人用大小相等的力分别从两端去推原来静止的光滑活塞，那么，两活塞将向右运动。（   ）

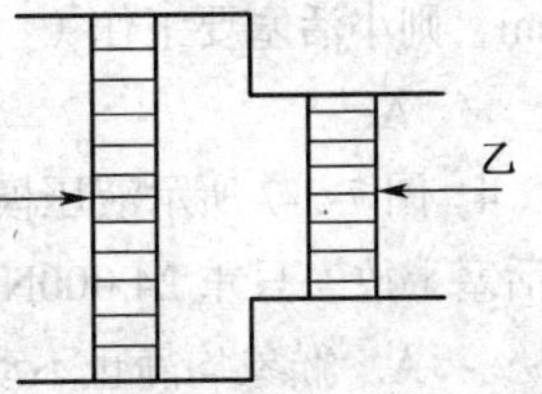

7. 驱动液压泵的电动机所需的功率比液压泵的输出功率大。（   ）

8. 液压系统压力的大小取决于液压泵的额定工作压力。（   ）

图 7-3-6　充满油液的固定密封装置

9. 液压系统的功率大小与系统的流速和压力有关。（   ）

10. 在液压缸中，当活塞所受的外力一定时，压力与承压面积成反比。（   ）

11. 在液压系统中，为了实现机床工作台的往复运动速度相同，采用单出杆活塞式液压缸。（   ）

12. 为实现液压缸的差动连接必须采用单出杆活塞式液压缸，且换向阀为 H 型中位滑阀机能。（   ）

13. 运转中密封容积不断交替变化的液压泵都是变量泵。（   ）

14. 从原理上讲，直控顺序阀也能当直动式溢流阀使用。（   ）

15. 外啮合齿轮泵中，齿轮不断进入啮合一侧的油腔是吸油腔。（   ）

16. 空心双出杆活塞式液压缸的活塞杆固定不动，其工作台往复运动的范围约为有效行程的 3 倍。（   ）

17. 通过节流阀的流量与节流阀口的通流截面积成正比，与阀两端的压差大小无关。（　　）

18. 液压缸的缓冲装置用于防止系统压力突然变化。（　　）

19. 液压元件在常态下，油路不通者称为常开型。（　　）

20. 减压阀能维持进口油压近于恒定。（　　）

21. 溢流阀作安全阀使用时，通过该阀溢流维持系统压力近于恒定。（　　）

22. 单向节流阀由单向阀和节流阀串联而成。（　　）当油液反向流动时，该组合阀无节流作用。（　　）

23. 所有换向阀都可用于控制换向回路。（　　）

24. 采用增压缸可提高系统的局部压力和功率。（　　）

25. 凡系统中有节流阀或调速阀必有节流调速回路。（　　）

26. 凡系统中有减压阀必有减压回路。（　　）

27. 凡系统中有顺序阀必有顺序动作回路。（　　）

28. 闭锁回路属于换向回路，可以采用滑阀机能为"O"型或"M"型换向阀实现。（　　）

29. 为提高进油节流调速回路的运动平稳性，可在回油路上串接一个换装硬弹簧的单向阀作背压阀。（　　）

三、选择题

1. 下列元件中属于控制元件的是（　　）。

    A. 电动机　　　　　　B. 液压泵　　　　　　C. 液压缸　　　　　　D. 换向阀

2. 影响液压油粘度变化的主要因素是（　　）。

    A. 温度变化　　　　　B. 压力变化　　　　　C. 容积变化　　　　　D. 速度变化

3. 水压机的大小活塞直径之比为 100:1，小活塞的工作行程为 200mm，如果大活塞要上升 2mm，则小活塞要工作（　　）次。

    A. 1　　　　　　　　B. 0.5　　　　　　　C. 10　　　　　　　　D. 100

4. 图 7-3-7 所示液压模型用板隔断，直径 0.1m 的小活塞上放一只重 120N 猴子，直径 20m 的大活塞上放一只重 24 000N 的大象，抽掉隔板则（　　）。

    A. 猴象均静止不动　B. 猴下降、象上升

    C. 猴上升、象下降　D. 猴象均下降

5. 齿轮泵常在（　　）系统中应用，叶片泵常在（　　）系统中应用。

    A. 低压　　　　　　B. 高压　　　　　　C. 中压

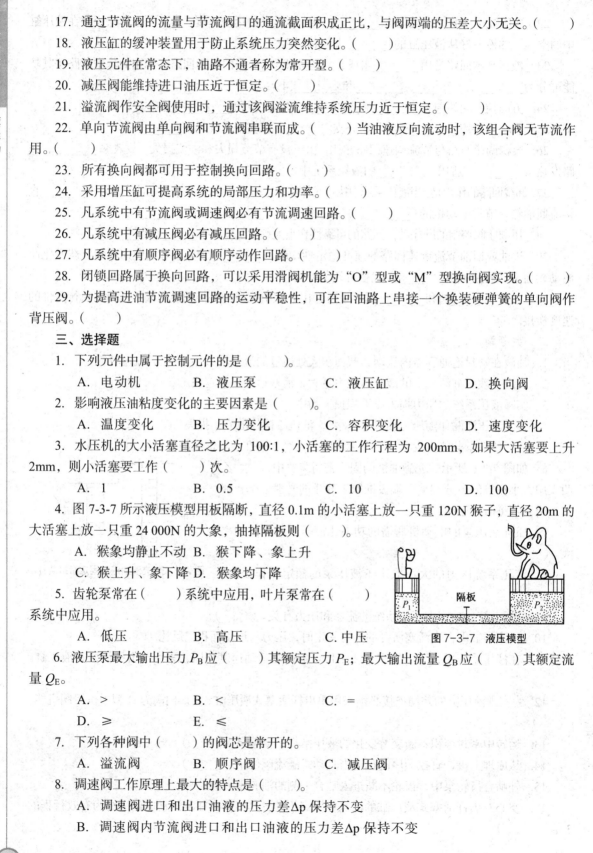

图 7-3-7　液压模型

6. 液压泵最大输出压力 P_B 应（　　）其额定压力 P_E；最大输出流量 Q_B 应（　　）其额定流量 Q_E。

    A. >　　　　　　　　B. <　　　　　　　　C. =

    D. ≥　　　　　　　　E. ≤

7. 下列各种阀中（　　）的阀芯是常开的。

    A. 溢流阀　　　　　　B. 顺序阀　　　　　　C. 减压阀

8. 调速阀工作原理上最大的特点是（　　）。

    A. 调速阀进口和出口油液的压力差 Δp 保持不变

    B. 调速阀内节流阀进口和出口油液的压力差 Δp 保持不变

C. 调速阀调节流量不方便

9. 液压机床开动时，运动部件产生突然冲击的现象通常是（　　）。

　　A. 正常现象，随后会自行消除　　　　B. 油液混入空气

　　C. 液压缸的缓冲装置出故障　　　　　D. 系统其他部分有故障

10. 在实现液压缸差动连接时，三位换向阀应采用（　　）型中位滑阀机能；要实现液压泵卸载，可采用三位换向阀的（　　）型中位滑阀机能。

　　A. O　　　　　　　B. P　　　　　　　C. M

　　D. H　　　　　　　E. Y

11. 大流量的液压系统所使用的换向阀一般为（　　）。

　　A. 手动换向阀　　B. 机动换向阀　　　C. 电磁动换向阀　　　D. 电液动换向阀

12. 采用滑阀机能为"O"或"M"型的闭锁回路可以锁住（　　）元件。

　　A. 动力　　　　　B. 执行　　　　　　C. 控制　　　　　　　D. 以上都不对

13. 当减压阀出口压力小于调定值时，（　　）起减压和稳压作用。

　　A. 仍能　　　　　B. 不能　　　　　　C. 不一定能　　　　　D. 不减压但稳压

14. 卸载回路属于（　　）回路。

　　A. 方向控制　　　B. 压力控制　　　　C. 速度控制　　　　　D. 顺序动作

15. 若系统溢流阀调定压力为 35×10^5 Pa，则减压阀调定压力应在（　　）Pa。

　　A. $0 \sim 35 \times 10^5$　　　　　　　　　B. $5 \times 10^5 \sim 35 \times 10^5$

　　C. $5 \times 10^5 \sim 30 \times 10^5$　　　　　　　D. $0 \sim 30 \times 10^5$

16. 有关回油节流调速回路说法正确的是（　　）。

　　A. 调速特性与进油节流调速回路不同

　　B. 经节流阀而发热的油液不容易散热

　　C. 广泛应用于功率不大，负载变化较大或运动

平稳性要求较高的液压系统

　　D. 串联背压阀可提高运动的平稳性

17. 容积节流调速回路的说法中正确的是（　　）。

　　A. 主要有定量泵和调速阀组成

　　B. 工作稳定，效率较高

　　C. 在较低的速度下工作时，运动稳定性不好

　　D. 比进、回油两重调速回路的平稳性差、效率低

18. 图 7-3-8 所示的液压系统，液压缸的活塞能够实现的循环动作是（　　）。

　　A. 快进、工进、快退

　　B. 快进、工进、二工进、快退、停止（泵卸载）

　　C. 快进、工进、快退、停止（泵卸载）；

　　D. 以上都不对。

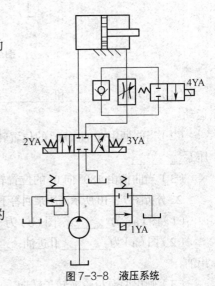

图 7-3-8　液压系统

19. 用液控单向阀的闭锁回路比用"O"滑阀机能的换向阀的闭锁回路的锁紧效果好，其原因是（　　）。

　　A. 液控单向阀结构简单

B. 液控单向阀具有良好的密封性

C. 换向阀闭锁回路结构复杂

D. 液控单向阀闭锁回路锁紧时，液压泵可以卸载

20. 增压回路的增压比等于（　　　）。

A. 大、小两液压缸直径之比

B. 大、小两液压缸直径之反比

C. 大、小两活塞有效作用面积之比；

D. 大、小两活塞有效作用面积之反比

四、名词解释

1. 流量

2. 压力

3. 液流的连续性原理

五、简答题

1. 根据图 7-3-9 所示的单柱塞泵的工作原理图分析并回答。

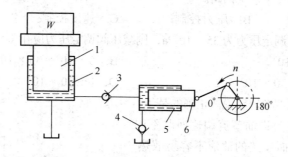

图 7-3-9　单柱塞泵的工作原理图

（1）由元件_____和_____组成密封的容积，在曲柄连杆机构的作用下柱塞 6 做_____运动。

（2）当曲柄由 0° 向 180° 的位置转动时，柱塞向_____移动，缸体的密封容积_____，液压泵_____。

（3）当曲柄由 180° 向 0° 的位置转动时，重物 W_____。（上升，下降）

2. 分析图 7-3-10 所示液压泵回答下列问题。

（1）图（a）为_____，图（b）为_____。

（2）图（a）为_____孔进油，_____孔出油。

（3）画出两泵齿轮或转子转向。

（4）两泵职能符号：图（a）为_____，图（b）为_____。

3. 试将三位换向阀各中位滑阀机能代号与相应职能符号及功能连线。

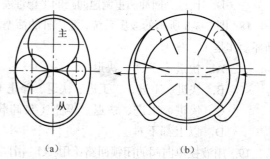

图 7-3-10　液压泵

a：缸或活塞浮动	O	a_1：	
b：缸或活塞锁紧	H	b_1：	
c：缸或活塞差动	Y	c_1：	
d：泵和系统卸载	P	d_1：	
e：泵和系统保压	M	e_1：	

结论：①凡中位_____口不互通，缸或活塞被锁紧。②凡中位_____口不互通，泵和系统保持压力。③_____型用于差动连接。

4. 指出图 7-3-11 中各图形符号所表示的控制阀的名称。

（a）_____；

（b）_____；

（c）_____；

（d）_____；

（e）_____；

（f）_____。

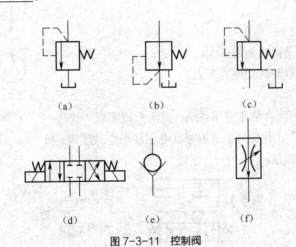

图 7-3-11　控制阀

六、计算题

1. 在图 7-3-12 所示液压传动系统中，已知：$F_1 = 15\,000$N，$F_2 = 5\,000$N，$A_1 = 5 \times 10^{-3}$m^2，$A_2 = 2.5 \times 10^{-3}$m^2，活塞 1 和活塞 2 运动终了都有固定挡铁限位，溢流阀开启压力为 3.5×10^6Pa，不记压力损失。试确定：

（1）活塞 1 动作时，液压缸工作压力 p_1 多大？

（2）活塞 2 动作时，液压缸工作压力 p_2 多大？

（3）当换向阀电磁铁通电后，哪个活塞先动作？另一个活塞何时动作？溢流阀何时开启？

2. 已知：图 7-3-13 中小活塞的面积 $A_1 = 10$cm^2，大活塞的面积 $A_2 = 100$cm^2，管道的截面积 $A_3 = 2$cm^2。试计算：

（1）若使 $W = 10 \times 10^4$N 的重物抬起，应在小活塞上施加的力 $F =$？

（2）当小活塞以 $\nu_1 = 1$m/min 的速度向下移动时，求大活塞上升的速度 ν_2，管道中液体的流速 ν_3。

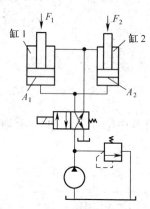

图 7-3-12　计算题 1 图

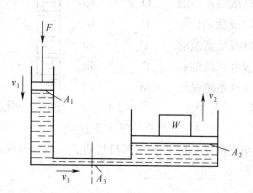

图 7-3-13　计算题 2 图

3. 图 7-3-14 所示为简化液压系统，要求活塞速度 $\nu = 0.05\text{m/s}$，负载 $F = 24\text{kN}$，$A_1 = 0.008\text{m}^2$，液压泵额定流量 $Q_{额} = 10.5 \times 10^{-4}\text{m}^3/\text{s}$，额定压力 $p_{额} = 63 \times 10^5\text{Pa}$,泵的总效率 $\eta_{总} = 0.8$，取 $K_{压} = 1.4$，

$K_{漏} = 1.2$。试解答：

（1）该泵是否适用？

（2）驱动该泵的电动机功率为多大？

（3）与该泵匹配的电动机功率为多大？

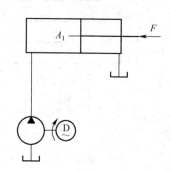

图 7-3-14　计算题 3 图

七、操作题

1. 图 7-3-15 所示为组合钻床液压系统，其滑台可实现"快进—工进—快推—原位停止"工作循环。试填写其电磁铁动作顺序表；分析组成系统的液压基本回路。

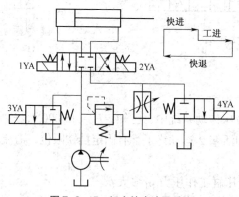

图 7-3-15　组合钻床液压系统

动作	1YA	2YA	3YA	4YA
快进				
工进				
快退				
原位停止				
泵卸载				

2. 图 7-3-16 所示为某液压系统，试解答：

（1）说出序号 2、3、4、5 液压元件的名称；

（2）在实验平台上找出相应的液压元件；

（3）用管路连接有关液压元件，组成能实现"快进—工进—快退—停止卸载"工作循环的液压系统。

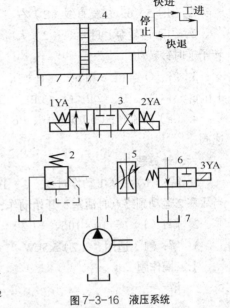

图 7-3-16　液压系统

知识测评参考答案：

一、填空题

1. 油液　变化　压力

2. 动力部分　执行部分　控制部分　辅助部分可

3. 压力　流量

4. 可压缩性　黏性　不可　黏度

5. 单位时间　体积　q_V；m^3/s

6. 前阻后推　前阻　p　Pa

7. （1）①小　大　运动　②＝　液流连续性　反 ③帕斯卡　＝　正④＝　＝　a（2）①＞　$K_漏 Q_2$ ②＞　$K_压 p_2$

8. 压力　沿程　局部　压力损失系数

9. 流量　内泄漏　外泄漏　1.1～1.3

10. 压力　流量　Pa　m^3/s　功率

11. （1）2　3　（2）减小　关闭　开启　压油　（3）F　（4）相通

12. 小　高　高压　13. 偏心距　偏心方向　双向变量　14. 径向间隙　压油口　15. 双出杆　单出杆　单出杆　缸筒较长　加工困难　16. 方向　压力　流量　17. 溢流阀　减压阀　顺序阀　弹簧力　18. 减压阀　串联　19. 开口大小　速度

20. 间隙　密封元件　21. 储油　散热　空气　杂质　22. 回油阻力；最高点

23. 液压元件　特定功能　方向控制回路　压力控制回路　速度控制回路　顺序动作回路

24. 换向回路　闭锁回炉　方向　25. 减压　进油路上　低压　26. 高　小；功率较大　27. 压力　输出功率　动能消耗　使用寿命　28. 顺序阀的性能　压力调定值　29. 差　调速阀　30. 调速　二位二通换向

二、判断题

1. 错　对　2. 错　3. 错　4. 错　5. 错　6. 错　7. 对　8. 错　9. 错　10. 对　11. 错 12. 错　13. 错　14. 对　15. 错　16. 错　17. 错　18. 错　19. 错　20. 错　21. 对 22. 错；对　23. 错　24. 错　25. 对　26. 对　27. 错　28. 对　29. 对

三、选择题

1. C　2. A　3. C　4. B　5. A C　6. E　7. C　8. B　9. B　10. B　11. D　12. B 13. B　14. B　15. C　16. C　17. B　18. C　19. B　20. C

四、名词解释

1. 单位时间内流过管路或液压缸某一截面的油液体积称为流量。

2. 油液单位面积上承受的作用力称为压力。

3. 液体在无分支管路中作稳定流动时，通过每一截面的流量相等。

五、简答题

1.（1）5　6　往复直线（2）右　增大　吸油（3）上升

2.（1）齿轮泵　叶片泵（2）大　小（3）（略）（4）主动轮顺时针转动，从动轮逆时针转动转子逆时针转动

3. 答：O 连 b、e 和 b_1；　H 连 a、d 和 a_1；　Y 连 a、e 和 d_1；　P 连 c、e 和 e_1；　M 连 b、d 和 c_1。　①A、B　②P、O　③P

4.（a）溢流阀；（b）减压阀；（c）顺序阀；（d）三位四通电磁换向阀；（e）单向阀；（f）调速阀

六、计算题

1. 解：（1）活塞 1 动作时 $p_1 = 3 \times 10^6 Pa$。（2）活塞 2 动作时 $p_2 = 2 \times 10^6 Pa$。（3）活塞 2 先动，当活塞 2 运动到终点时活塞 1 开始动作，当活塞 1 运动到终点时溢流阀开启。

2. 解：（1）$F = 10 \times 10^3 N$　（2）$v_2 = 0.1 m/min$　$v_3 = 5 m/min$

3. 解：（1）适用　（2）5.5kW。　（3）8.3kW。

七、操作题

1. 解

动作	1YA	2YA	3YA	4YA
快进	+	−	−	+
工进	+	−	−	−
快退	−	+	−	+
原位停止	−	−	−	−
泵卸载	−	−	+	−

组成系统的液压基本回路为调压回路，换向回路，回油节流调速回路，快慢速换接回路和卸载回路。

2. 解：（1）2—溢流阀　3—三位四通电磁换向阀　4—单出杆活塞式液压缸　5—调速阀

（2）（略）

（3）（略）